スプーン１杯からはじめる

犬の手づくり健康食

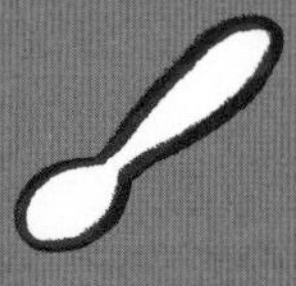

浴本涼子　著

山と溪谷社

INTRODUCTION

獣医師になりたてのころの私は、「わんちゃんやねこちゃんにはドッグフードやキャットフードしかあげてはいけない」、「病気になったら療法食を食べなければならない」、そう思っていました。ですから、病気のわんちゃんやねこちゃんが療法食を食べない、という飼い主さんのお悩みにも「なんとか食べさせてください」と、答えていました。
でもだんだんと、食べたいものを食べさせてあげたいな、そう、感じはじめていました。

その後、愛猫が病気になり、ごはんを食べさせることが大変だったり、自分が体調を崩したり、子どものアトピーを経験したりするなかで、食の大切さに気づかされました。残念ながら、数ヵ月の闘病の後、愛猫は亡くなりましたが、そのとき、次に迎える子はなんでも食べられる子にしよう、そう思いました。

次に迎えたのは犬のゴン太です。手づくりごはんで育てるぞ！　そう思っても、栄養バランスは？　1回量は？　など、疑問や不安がたくさんあって、なかなか一歩を踏み出せませんでした。ですが、ちょっとのせごはんや手づくりごはんに挑戦し、1ヵ月ほど経ったころ、家に来たときからずっとあった涙やけがすっかりきれいになりました。うんちも臭くないし、体臭もない！　これには、私だけでなく家族もびっくりしました。

ごはんをつくっているとゴン太もわくわく、そわそわ。つくったごはんを食べてくれたときのよろこびは、何度経験してもうれしいものですし、「おいしかった！」といわんばかりに、完食して、眼をキラキラさせてこちらを見てくれると、ますますゴン太を愛おしく感じます。

そんなよろこびを、ぜひ、多くの飼い主さんに経験してほしい。
そう思い、この本をつくりました。

手づくりごはんは、続けることでからだのなかから元気になります。特別な材料が必要だったり、つくり方が難しかったりしては、とても続けることはできません。ですから、この本のレシピは、人のごはんからのおすそわけや取りわけがしやすいものがベースになっています。また、わんちゃんのためにつくったものを、味つけをして飼い主さんに召し上がっていただけるものもあります。わんちゃんと同じものを食べることを通して、今まで以上に愛犬との絆が深まるはずです。

本書が「愛犬にずっと元気で長生きしてほしい」と願う飼い主さんの、手づくりごはんへの一歩を踏み出すきっかけになり、愛犬の健康と幸せのために役立てていただければ幸いです。

浴本涼子

Prologue

ごはんがたのしみ

散歩に抱っこに、ボール投げ……。
犬には毎日、うれしいことがたくさんあります。
いちばん好きなのは、やっぱり食べること!
お肉や野菜をたっぷり使った手づくり食で、
食べるたのしみを感じてもらいたいです。

「今日のごはんはなにかしら?」「お魚よ」。
手づくりごはんをはじめたら、
犬とのコミュニケーションが
深まったように感じます。
同じものを食べているから?　以心伝心かな?

「お外で食べると、もっとおいしいね」。

目と目をあわせれば、おいしいきもちが伝わってきます。

おうちでも、お外でも、いつでも手づくり食を楽しもうね。

そして、いつまでも元気で仲良く暮らそうね。

CHAPTER 1 犬の健康食のきほん

CHAPTER 2 はじめての犬の手づくりレシピ

CHAPTER 3　健康食をもう少し掘り下げてみよう

食と健康の不安うずまく まんだら

市販のもの以外を食べてもいい？

食べても物足りない顔をします。

毎日同じごはんを与えてもいいの？

カロリー計算は必要ですか？

ドライフードは水分不足になりそう。

犬のからだにいい食材を知りたい。

犬は肉しか食べない？

手づくりごはんの適量がわからない。
おやつは与えてもいいの？
好き嫌いが多いです。
人と同じものを食べられるの？
手づくり食で栄養バランスを取れる？
市販のフードは添加物が多い？
手づくり食は続けるのが大変そう。

この本の見方

本書のレシピでつくるごはんの量はすべて、5kgの健康な成犬の1日分です。
p.43の「体重別ごはんの量」を見て、愛犬の体重にあわせて量を調整してつくってください。
手づくり食に切り替え後は、体重・体型の確認、体調の確認をしましょう。

○大さじ1=15ml
○小さじ1=5ml
○1カップ=200ml
○少々=人よりも少ないごく少量

本書のレシピは健康な犬を対象としているものです。病気がある、療法食を食べているなどの場合は、手づくり食をはじめる前に獣医師に相談してください。健康な犬でも、手づくり食をはじめて不調が続くようであれば、獣医師の診察を受けてください。

CHAPTER

犬の健康食のきほん

犬のからだにいい食事とは?

いつも同じフードをザザッと器にあけてごはんはおしまい。
そんな犬の食生活に「一生このままで大丈夫?」と思うことも。
愛犬には、いつまでも健康でいてほしい。
では、犬のからだにいい食事ってどんなものでしょう?

「からだにいいこと」ってなんだろう

犬は、私たちとは大きく姿形は違いますが、同じ哺乳類という仲間です。さまざまな哺乳類のなかでも犬は、人間との暮らしがとても長いのが特徴で、食べものも共有してきました。

人ととても親密な犬ですが、食や病気、そのほかに関する研究は人間のようには進んでいません。ただ、長い年月、人と寄り添ってきたからこそわかる「からだにいいこと」がたくさんあります。そこからみえてくるのは、同じ哺乳類である人のからだにいいことは、犬にもいいということです。"バランスのよい食事が理想"、"太りすぎはからだに悪い"。ほら、同じです。

からだ全体が健康になることが大事

生きもののからだは食べたものでつくられます。元気なからだをつくるのは「健康的な食事」。そこでポイントとなるのが、右ページの4つの項目です。"血液さらさらがいい"、"冷えは万病のもと"、これらを意識することで、病気などからからだを守る防衛システムである免疫力の向上が期待できます。そして、この4つのことを実現するのにぴったりなのが手づくり食です。人との暮らしが長い犬は、人と同じものを食べられるからだをもっています。

からだ全体を元気にする４つのこと

血行促進

酸素や栄養をからだの隅々まで届けているのは、全身をめぐる血液です。さらに老廃物など不要なものを運び去るのも血液です。この流れが滞ることは、いろいろな不調につながります。

体温アップ

「冷えは万病のもと」というのは犬も共通です。適温よりも冷えてしまうと、血液の流れが悪くなり、免疫力も下がってしまいます。からだを冷やさないようにすることが大切です。

水分補給

血流をよくし、不要な老廃物を適切に排出するためにも新鮮な水分の補給は欠かせません。犬や猫はのどの渇きを感じるのが遅く、ドライフードだけを食べているとと水分不足になりがち。自主的に飲まないときには食事に混ぜる工夫が必要です。

腸内環境改善

善玉菌と悪玉菌。聞いたことがありますよね。腸内に悪玉菌が増えると、いろいろな悪さをし、病気を招きますが、腸内環境は、食事で容易に改善することができます。また、腸内菌のバランスは精神にも影響するといわれています。

犬のからだを知っておこう

草食動物に胃が複数あったり、肉食動物の歯が鋭かったり、
生きもののからだのしくみと食性は深くかかわっています。
手づくり食をはじめる前に、「食」にかかわる
犬のからだの特徴をみてみましょう。

食べものにあったからだ

生きもののからだのしくみは、その生きものが食べるのに適した食べものと関係しています。犬なら、犬が食べるべきものを消化しやすいからだにできているのです。犬の歯は全部で42本ありますが、人の奥歯に当たるすり潰すような働きをする形の歯は少なく、ほとんどが突き刺す、引きちぎるのに向いた形をしています。また、人はまず唾液で炭水化物を消化しますが、犬の唾液に消化酵素はなく、最初に胃で消化されるのはたんぱく質。腸の長さも人よりも短く（＝消化時間が短い）、なんでも食べるイメージのある犬も、からだの仕組みはかなり肉食寄りなのがわかります。

いぬにもある味覚と好きな味

味覚には、甘味、酸味、塩味、苦味、旨味の5種類があり、それを舌にある「味蕾（みらい）」という器官で感じとります。犬の味蕾は、人の1/5ほどしかないため、さまざまな味を私たちのようには感じとれません。おもしろいのは、5つの味覚のうち犬は、甘味と旨味を好むということ。旨味は肉や魚に含まれることを思うと納得です。人と暮らすなかで果物や野菜の甘味も取り入れ、好きになってきたのでしょう。ちなみに完全肉食性の猫は、甘味に興味がないといわれています。

「食」にかかわるからだの特徴

[舌]

味覚

犬の味蕾の数は約2,000個。ちなみに人は10,000個、猫では約500個。多いほど多彩な味を感じることができるので、犬の味覚のレベルは人の1/5程度です。苦味を嫌い、塩味はほとんど感じないようです。

[口]

咀嚼

前述のように、犬の歯はすり潰す形状をしたものが少ないのが特徴で、あごもすり潰すような動きができません。食物を飲み込めるサイズに砕くことが、犬の口の役割で、ほぼ丸呑みしているともいわれます。

[鼻]

嗅覚

犬の鼻のよさは、だれもが知るところ。その嗅覚は、臭気の種類にもよりますが最大で人の1億倍！　においだけで感知するほか、味との組みあわせで感知することもあります。

[心]

嗜好

食いしん坊な犬が好き嫌いをするのは「もっとおいしいものがある」と思っていることが多いです。これしかない、とわかり、お腹が空けば食べてくれます。食べないからといって、おやつを与えたりするのは逆効果です。

[内臓]

消化

食べものの消化・吸収はおもに小腸で行われます。肉食動物は全般に小腸が短いのですが、犬の4mに対し猫は1.7mしかありません。人の小腸は6～7m。小腸の長さの違いから、犬は、猫よりも雑食寄りで、人よりは肉食寄りということがわかります。だから犬は、猫にはほとんど必要ない炭水化物も、栄養素として欲しています。

犬がよろこぶ食事とは

犬には毎日、うれしいことがたくさんあります。
散歩に行くこと、飼い主さんと遊ぶ、なでられること、
そしてやっぱり、食べること!
手づくり食で、食べる楽しみを感じてもらいたいですね。

味よりもにおいが大事?

犬が「おいしそうだな」、「これを食べよう」と決めるのは、まず、いいにおいであるかどうかです。フードを新しくしたとき、フンフンとにおいを確認してから「プイッ」とされてしまったことはありませんか?においをかいで食べないことを決めたのです。犬が好むのは「脂肪臭」、肉から多く感じるにおいです。また、乾燥しているよりも湿った食べもの、冷たいよりも温かい食べものがにおいを強く感じられるので、犬に好まれます。

好き嫌いは少ないけれど

においが合格だったら、口に入れ、次に確認するのは、かたちと大きさです。それから口のなかで食感と味を確かめる。ここで気に入らなかったら吐き出すか、少しだけ食べてやめてしまうこともあります。多くの犬は出したごはんをあっという間に食べてしまいますから、これらを瞬時に判断しているのでしょう。

なかには食が細い子、こだわりの強い子もいますが、手づくり食なら材料選びや調理方法でかんたんに彼らの好みにあわせられます。とはいえ、基本的に犬は食いしん坊。好き嫌いはさほど多くありませんのでご安心を。

お腹とこころを満たすポイント

① におい

食べるか食べないかの最初の判断材料はにおい。市販のフードのにおいが強いのも、犬によろこんで食べてもらうため。脂肪臭などの強いにおいが好きですが、刺激臭は苦手です。食がすすまないようなら、ごまや青のり、数滴の植物油を加えると、食欲をそそります。

② かたち・大きさ

よほど食べにくいものでなければ問題なさそうですが、犬それぞれのこだわりもあるようです。また鼻の長さや口のかたちによる食べやすさ、食べにくさもあります。肉や魚は犬の口にあわせた一口大、野菜はみじん切りが食べやすく、消化にもよいです。

③ 食感

犬によっても違いますが、ぶよぶよしたもの、ベタベタしたものは、どちらかというと嫌われる傾向にあります。食べたことのない食感に驚いて食べるのをやめてしまうことも。でも慣れれば食べてくれます。スープ煮にすると、さらりと食べやすくなります。

④ 味

甘味と旨味を好み、酸味は好きではなく、苦味は嫌いです。酸味は腐敗を表している、苦味は毒を表しているからだと考えられています。③の食感まで合格でも、吐き出したり食べ残すようなら、よほど嫌いなのかも。無理に食べさせることはありません。

手づくり健康食ってどんなもの?

愛犬のためにおいしいごはんをつくってみたいと
思っている人はたくさんいるはず。
それならぜひ、はじめてみることをおすすめします。
楽しくて健康的で、いいことがたくさんなのですから。

手づくり食は幸せごはん

手づくり健康食は、その名のとおり手づくりの健康的なごはんです。だからといって、手づくりじゃないと不健康というわけではありません。手づくり食をおすすめするのは、なにより楽しいから! 愛犬のために自分で考えたごはんを犬が大よろこびで食べてくれる。飼い主にとって、こんなにうれしいことはありません。犬にとっても、毎日同じフードを食べるよりも食べる楽しみが増えるはず。飼い主さんがよろこんでいるのを見ると、犬もうれしくなってしまいます。犬も人も幸せになるごはん、それが手づくり健康食なのです。

もちろん、からだにもとてもいい!

新鮮な食材を使って栄養バランスよくつくるのだから、からだに悪いわけがありません。食が細い子でも食材そのものの味を楽しめる手づくり食ならよく食べてくれるでしょう。ドライフードで不足しがちな水分を食事から摂取できるので、胃腸の働きが整い、からだのめぐりがよくなります。涙やけが改善した、毛づやがよくなったという声も聞こえてきますし、からだの不調はこころにも影響するためか、性格が穏やかになったという子も! どんな変化が訪れるか、楽しみです。

手づくり食のいいところ

Good!

◎美しく、健康になる

◎安心で新鮮な食材を選べる

◎添加物が入っていない

◎食材の効能を取り入れられる

◎体調や好みにあわせられる

◎水分補給ができる

◎食べる楽しみが増す　etc.

ちょっと心配

- 市販のフードよりも日もちがしない
- つくる手間がかかる
- 栄養バランスが取れている?
- 与える量がわからない
- 市販のフードを食べなくなるかも?

そんな心配は、これからのページで解消していきましょう。

摂るべき食材と栄養素

犬の祖先はオオカミだから肉しか食べないと
思われがちですが、実際には、オオカミも雑食の傾向があり、
人との暮らしが長い犬は、さらに雑食寄りです。
ですから、肉以外にも必要な栄養素があります。

犬の食事に必要なもの

命を維持していくためには、栄養素とエネルギーが必要です。食物から必要な栄養素をからだに取り込み、消化を経てエネルギーに変え、不要なものは排泄物などで排出されます。適切な食事を摂ることで、生きるのに必要な良質な栄養や十分なエネルギーが得られるのです。だからこそバランスのよい食事が理想なのですが、そうわかっていても、犬にとってバランスのいい食事ってなんだろう?と思ってしまいます。

生きるための3大栄養素とは

たんぱく質、脂質、炭水化物を3大栄養素といいます。食物に含まれる栄養素のうち、この3つはエネルギー源となる重要なものです。また、からだの調子を整えるビタミンやミネラルも必要です。たんぱく質なら肉、炭水化物ならご飯、と単純なものではなく、肉にもご飯にも、たんぱく質、脂質、ビタミン、ミネラルが含まれています。それぞれの食物に含まれる栄養素を計算しながら手づくり食をつくるのは難しいものですが、犬の手づくり食の場合は、右ページのように「肉・魚類1：野菜類1：穀類1」の比率で組み立てると、犬に必要な栄養素がバランスよく含まれた食事になります。

からだをつくる3つの食物は1:1:1の割合で

肉・魚類

犬が大好きな食品群。手づくり食のメイン食材でもあります。からだをつくるのに欠かせません。

野菜類

ビタミンやミネラルを豊富に含む野菜やきのこ、海藻は、からだの調子を整える役割をします。

穀類

エネルギー源となる要の食材。豊富な栄養素がバランスよく含まれています。

必要な5大栄養素

たんぱく質	肉や魚、卵、乳製品に含まれる動物性たんぱく質と穀類や豆類に含まれる植物性たんぱく質がある。たんぱく質は、からだをつくるために重要な栄養素で、アミノ酸に分解、吸収される。
脂質	動物性と植物性がある。エネルギー源となるほか、体温調整やビタミンの運搬、ホルモン等の合成など生理機能の維持に重要。人のサプリでも人気のEPAやDHAは、犬の必須脂肪酸とされている。
炭水化物	米やうどん、いも類などに含まれる。糖質と食物繊維で構成され、からだのなかで分解された糖質はエネルギー源に、食物繊維は消化はされないものの、腸の健康を整えるのに役立つ。
ビタミン	あらゆる食物に含まれ、からだの生理機能の調整を行う。エネルギー源にはならないが、からだに必須の栄養素。人はビタミンCを合成できないが、犬が体内で合成できる。ビタミンDの合成量は不十分といわれている。
ミネラル	カルシウムやリン、マグネシウム、ナトリウム、カリウムなど。ビタミン同様エネルギー源にはならないが、骨や歯を形成、皮膚を健やかに保つ、体内に酸素を輸送するなど、からだの生理機能の調整を行う栄養素。

できることからはじめてみよう

興味はあるのだけど、なかなか実践できない愛犬家さん。
「手間がかかりそうだな」、「面倒くさいのでは？」と
思っていませんか？　ご安心ください。この本では、
とってもかんたんにはじめられる方法もお伝えします。

つくるのが負担になっては本末転倒

犬も自分も幸せになるための手づくり食です。疲れた夜に「ああ、ごはんをつくらなきゃ」とため息をついてほしくはありません。犬は「今日はドライフードか」なんてがっかりしたりしません。義務でも仕事でもないのだから、ぜひ気軽にはじめてください。つくれない日はフードでもいいし、つくりおきや冷凍保存を活用してもいいのです。ほんの少しでも手をかけたいときには、スプーン1杯のサプリやスープかけごはん、トッピングがおすすめ。このあとのページで紹介しています。

かんたんに考えるのがコツ

もうひとつ、手づくり食をはじめる前に多くの人が心配になるのが、栄養バランスのこと。「栄養は足りるのか？」、「偏らないか？」、それを解決するのが26ページの食物バランスです。栄養素やカロリーの計算は必要ありません。だいたい同じ分量の肉・魚類、野菜類、穀類を調理するだけ。時間がなければフードにスープをかけて混ぜるだけでもOKです。気をつけたいのは、同じものばかりを与え続けないこと。肉と野菜と穀物のバランスがよくても、鶏肉とキャベツとうどんを365日では、さすがに栄養が偏ります。犬も人間も考え方は同じです。

はじめはスプーン1杯から

スプーン1杯

スプーン1杯の手づくりサプリメントを、フードにかけてあげます。いきなり本格的につくるよりもずっと手軽で、たったスプーン1杯ですが、食いつきやからだの変化といった犬の反応も確かめられます。

⇒ **p.52**

スープかけ

鶏肉や煮干し、かつお節を使ったスープをフードにかけて与えます。いい香りが食欲をそそり、水分補給もできます。スープはストックしておけば、スープかけごはん以外の手づくり食にも使えるので便利です。

⇒ **p.54**

ちょっとのせ・おすそわけ

人のごはんの材料をちょっと取りわけたり、冷蔵庫の常備品を味なしで調理して、フードにトッピングします。このとき、トッピングの分だけフードを減量します（p.51参照）。いつものフードがごちそうに大変身。

⇒ **p.58**

手づくりおやつ

ごほうびやコミュニケーション、特別な日のためのおやつも手づくりができます。与えすぎは禁物ですが手づくりならば、新鮮な食材で、添加物なしの、からだによいおやつを用意することができます。

⇒ **p.62**

手づくり健康食をもっと楽しむ

犬にも効果的？　薬膳ごはん

体質・体調にあわせたごはんづくり

中国の伝統医療「中医学」の考え方を生かした薬膳は、犬の手づくり健康食に取り入れることができます。

◎身近な食材にも効能がある！

ひとりひとりの体質や体調にあわせて病気を治療したり、体質にあった食事、その他でからだを整え、病気を未然に防いだりする中医学。その方法にもとづいた食事法が「薬膳」です。難しそうで取っつきにくい印象もありますが、その考え方のきほんはとてもシンプルで、人のためはもちろん、犬のごはんに取り入れることもできます。

食べものの力をからだに取り入れ、からだの調子を整えるのが薬膳のきほんです。わかりやすいところでは、「からだを温める食材」、「からだを冷やす食材」です。そのどちらでもない食材もあります。たとえば温と冷、どちらにも傾かないようバランスを取るべく、季節、体質、そのときの体調にあわせて食事をする。そのため旬や食材にあわせた調理法も大切になってきます。この考え方は、本書のレシピにも生かされています。

中医学の体質の見方や食材の効能の考え方などは、五臓や五行、五味といわれる分類があり、とても奥が深いものですが、日常に役に立つ知識を覚えて、愛犬のためにいい食材を考えるのも楽しいものです。

中医学の特徴のひとつに「未病先防」、いわゆる予防医学があります。つまり、病気になる前から食事やそのほかに目を向けることで、病気になりにくいからだをつくる。これは、手づくり食を実践する私たちが愛犬にしてあげたいことそのものです。犬のための手づくり健康食と薬膳、向いている方向は同じです。どちらも、愛犬の体調を見ることが大事なので、犬との絆が深まるという、うれしいおまけもあります。

いつもの食事に薬膳の知識を取り入れることで、からだのなかからきれいに元気になります。外からのケアだけでなく、内側からもケアすることで、いまよりもっとつやつや元気になりますよ！！

CHAPTER

はじめての犬の手づくりレシピ

犬に食べさせたい食材

手づくり健康食に使うのは、
私たちがいつも食べている、身近な食材です。
なかでもこの本で紹介する、犬が好んで食べて、
レシピに頻繁に使う食材をピックアップして解説します。

人と同じ材料だからはじめやすい

肉・魚類、野菜類、穀類を同割合でつくる犬の手づくり健康食に、特別な材料は使いません。使うのは人の食べものと同じものなので、わざわざ犬用にそろえなくても冷蔵庫や食品庫のストックでもつくれます。「今日の晩ごはんは豚汁だから、犬のために材料をおすそわけ」と、人の献立にあわせて犬のごはんを決めれば、手間なくとても楽チンです。基本的に、肉・魚類と穀類は1種類、野菜は2〜3種類（もっと多くてもOK）で組み立てるといいでしょう。毎日同じ食材にならないように工夫します。

食材はなにを組みあわせてもいい

組みあわせるべきでない食材は特にありません。食材選びの考え方は人と同じ。「これとこれがあう」と感じる、おいしい組み合わせにすればよいのです。また、食材がもつ効能を取り入れたいので、できるだけ体調や季節にあわせて選ぶことも大切です（80ページ参照）。じゃがいもの芽など人が食べるべきでないものを避けるのはもちろん、人が食べているものでも犬が食べてはいけない食材もあるので注意します（39ページ参照）。また当然ですが、食物アレルギーのある子は、アレルゲンとなる食材は避けます。

犬に食べさせたい
肉・魚類1

犬が大好きな肉や魚は、健康なからだをつくるのに大事なたんぱく質を多く含みます。肉はビタミン類が豊富で、脂質やミネラルもバランスよく摂れます。一品に、肉か魚の1種類をメイン食材として選びます。卵や乳製品もこのグループです。

鶏肉

脂肪が少なく消化吸収しやすく、良質な筋肉をつくります。太り気味なら脂肪の少ないむね肉やささみ、少食の子にはもも肉がおすすめ。栄養価に大きな違いはありません。皮と脂は取り除いて使ったほうがカロリーオーバーを防げます。

豚肉

ビタミンB1を豊富に含み、疲労回復に最適。夏バテやたくさん運動したあと、精神を安定させる作用もあるのでストレスが強いときにも向いています。脂身が少ない部位を選ぶか、多すぎれば取り除き、必ず加熱して使います。

羊肉

市販のフードの原材料としても見かけるようになった羊肉。脂質が少なく、脂肪を燃焼させるアミノ酸であるカルノシンを含むので、特にダイエットに向きます。肉のなかでは消化しやすいです。

鶏レバー

栄養価が高く、週に1度はあげたい肉類です。脂肪や血の塊を取り除いて使います。

卵

ビタミンCと食物繊維以外の、すべての栄養素を含む鶏卵は、完全栄養食品ともいわれるほど。必須アミノ酸をバランスよく含むので、丈夫なからだづくりに最適。生の白身は皮膚炎を起こす場合があるので加熱して与えます。

犬に食べさせたい

肉・魚類2

使いやすいのは切り身の魚。一口大に切り、骨はなるべく取り除きます。味つけなしの缶詰も便利です。下記の魚は、犬の必須脂肪酸（体内合成できない、食事から摂取すべき栄養素）、オメガ3のDHA、EPAを含む魚種です。

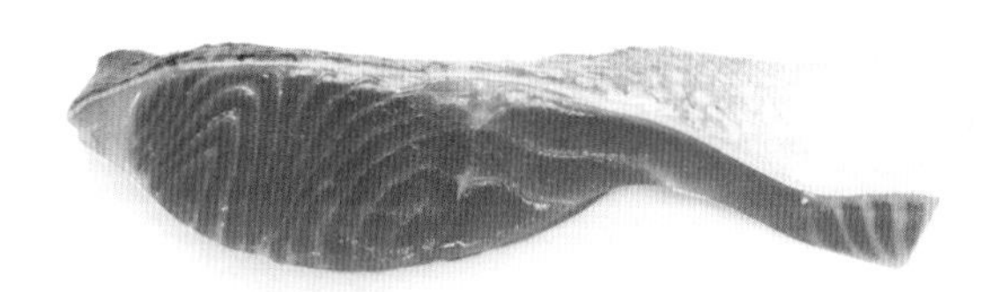

青魚

ぶりやいわし、あじなどの青魚は、DHA、EPAが豊富。DHAは脳を活性化し、EPAは血液をさらさらにする働きがあります。丸の魚を使う場合は、内臓や硬い骨を取り除きます。

鮭

強力な抗酸化物質であるアスタキサンチンには抗がん作用があるといわれています。からだを温める作用があり、消化しやすいので、お腹の弱い子にも。塩鮭ではなく、生鮭を選びます。

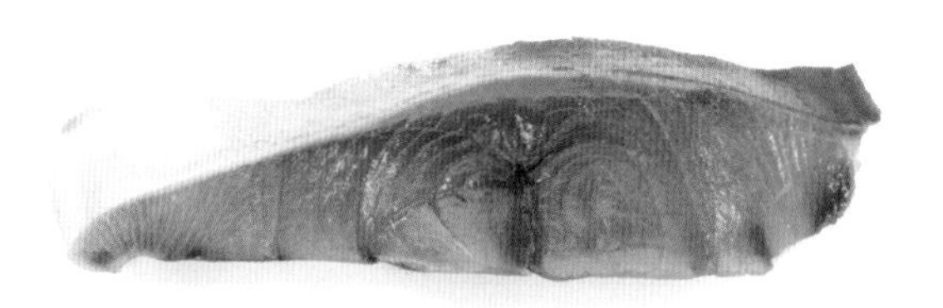

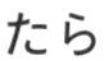

たら

脂肪が少なくヘルシーで、どんなタイプの子にも向きます。ミネラルもバランスよく含まれ、栄養バランスがいいので、毎日与える魚としてもおすすめです。塩漬けではなく、生だらを選びます。

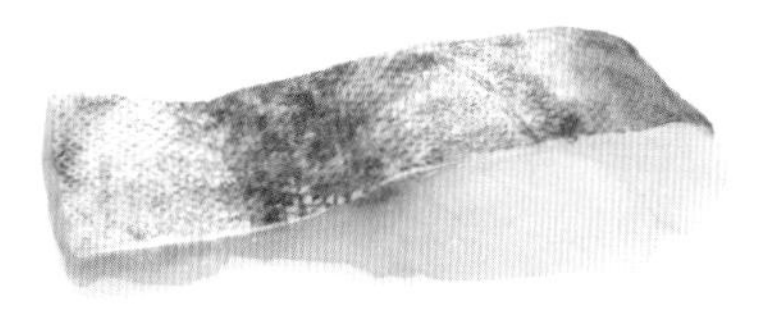

ツナ缶

原材料のまぐろもかつおも良質なたんぱく質を多く含み、成長期の子にも向いています。ビタミンB12は疲労回復や貧血対策に。味つき・オイル漬けのものは避け、塩分不使用の水煮缶を選びます。

煮干し

カルシウムを豊富に含み骨や歯を健康に。精神を安定させます。基本のスープをとるほか、砕いて少量をトッピングなどにしても。煮干し粉を使えば手軽です。

ヨーグルト

乳酸菌が腸内環境を整えます。無糖のものを選びます。

かつお節

だしやトッピングに。脂質が少なく、質のよいたんぱく質、ミネラルを多く含みます。

犬に食べさせたい
野菜類

抗酸化物質が豊富な野菜類。葉物、根菜、緑黄色野菜、きのこや海藻を組みあわせて、　品に2種類以上を用いるのがおすすめです。食物繊維を多く含み、腸内環境を整えるのに最適。抗がん作用をもつ野菜類も多くあります。

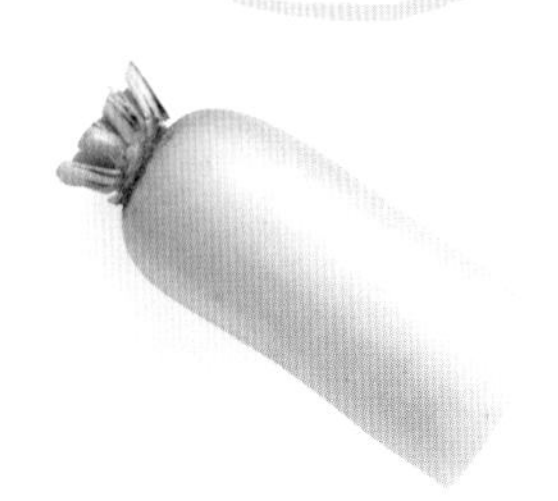

だいこん

複数の消化酵素を豊富に含み消化を促進、胃腸の働きをよくします。葉も栄養豊富。切り干しだいこんもおすすめです。スティックにして生のままや、加熱やすりおろして使います。

にんじん

免疫力アップが期待できるβ-カロテンの含有量は野菜のなかでもトップクラス。毎日、使ってもよい野菜のひとつです。食物繊維、鉄やカリウムも豊富。からだを温める作用があります。

かぶ

丸い根の部分も葉も栄養豊富。根は胃腸の調子を整え、内臓の働きをよくします。旬の時期には、毎日食べてもよい野菜です。

山いも

元気を出したいときに与えたい野菜です。ネバネバ成分のムチンは弱った胃を保護します。切って加熱して使っても、おろして生で与えても。お好み焼きや鶏団子のつなぎにも使います。

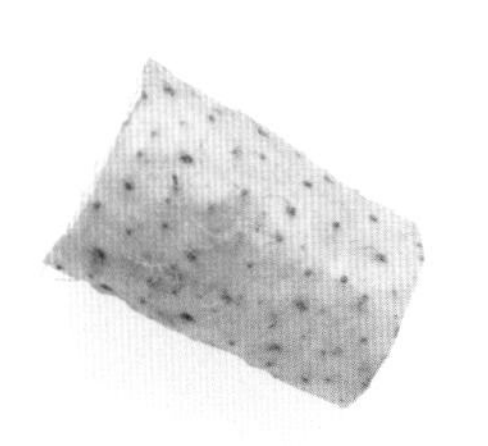

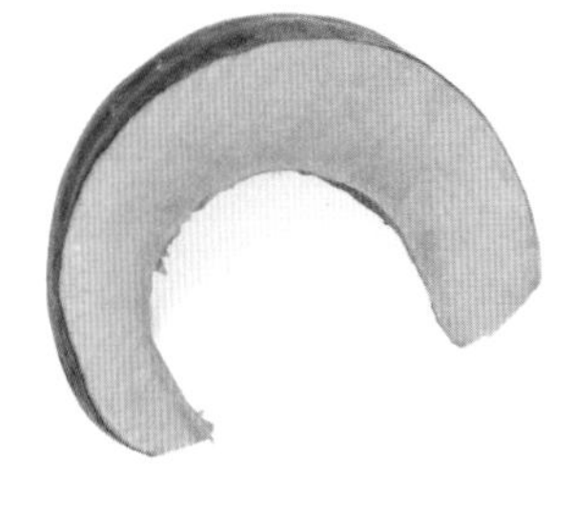

ごぼう

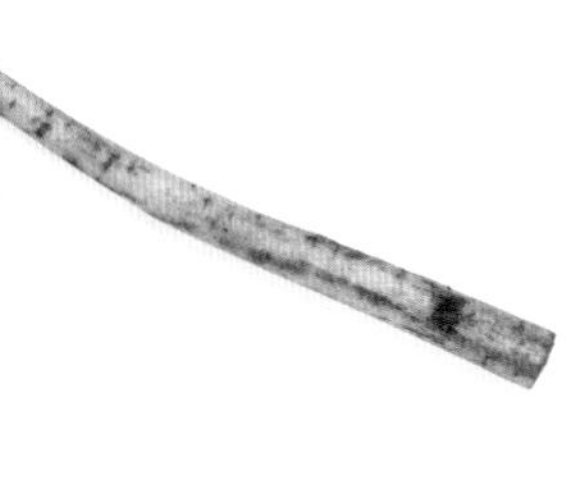

約半分が食物繊維で、腸をきれいにし、便秘のときにも適しています。アクが強いので一度ゆでこぼすか、煮るときにアクをよく取り除きます。消化しやすいよう細かく刻んであげましょう。

かぼちゃ

甘いので犬が好んで食べ、食欲がない子にもおすすめ。抗酸化物質であるβ-カロテン、ビタミンCが豊富で、ガンや生活習慣病予防に。皮が硬いので取り除くか、やわらかくなるまで加熱します。

小松菜

カルシウム、β-カロテン、ビタミンCを多く含み、免疫力アップに効果的です。さらに解毒作用の酵素も含むため、生活習慣病やガン予防効果も期待できます。下ゆでなしで使えます。

トマト

強い抗酸化作用をもつリコピン、β-カロテン、ビタミンCを含み、免疫力アップや老化防止に。酸味の強いものだと犬が嫌うことがあります。生のままでも、加熱しても、どちらでもOKです。

きゅうり

夏野菜の代表。カリウムが豊富に含まれ、ほてりを冷ます、利尿、むくみ解消の作用があります。90%以上が水分なので、夏場の水分補給にスティックおやつで与えてもいいでしょう。

ブロッコリー

ビタミンC含有量はレモンの2倍。β-カロテンも豊富で免疫力アップに効果的。解毒作用をもつファイトケミカルなどガン予防効果が期待できる物質を多く含みます。目の健康にも。

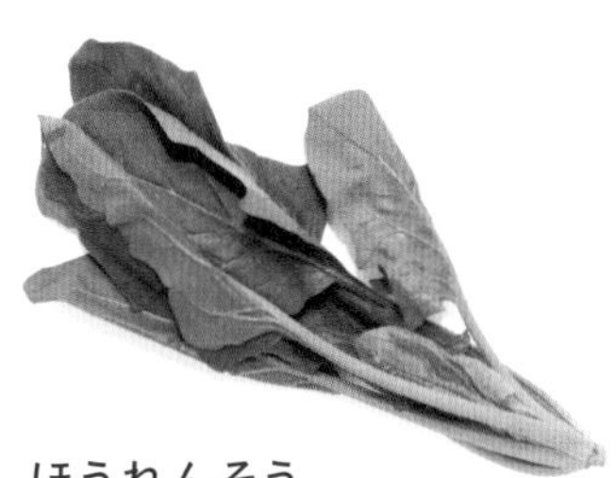

ほうれんそう

鉄を含み、一緒に摂ると鉄の吸収率をよくするビタミンCも含むので、貧血対策に向きます。アクがあるので下ゆでしてから使ったほうが安心です。

キャベツ

ビタミンCが豊富で免疫力アップに。傷ついた胃の粘膜を修復する作用があります。

ピーマン

β-カロテンとビタミンCが豊富。苦味があるので嫌いな子も。甘みがあるパプリカは犬に好まれます。

オクラ

ネバネバのもと、ムチンはスタミナや免疫力をアップ。同じネバネバ食材の山いもや納豆と組みあわせると効果大。

じゃがいも

加熱してもビタミンCが効率的に摂れます。ご飯の代わりに使ってもよいです。

なす

紫色の色素であるアントシアニンは、動脈硬化や糖尿病などの生活習慣病の予防に効果的です。

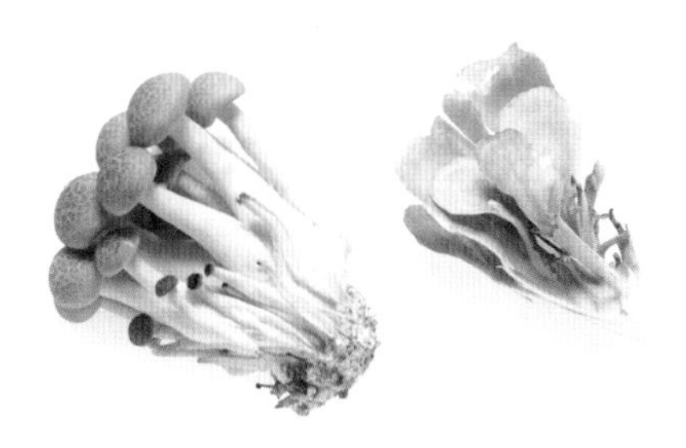

きのこ類

超低カロリーで栄養豊富。きのこのβ - グルカンは抗がん作用が知られています。特に、まいたけに多く含まれます。細かく刻んでしっかり煮込むと、きのこの有効なエキスをしっかり摂れます。

こんにゃく

食物繊維が主成分で、便通をよくし、腸内環境を整えるのに最適。低カロリーで満腹感を得られるのでダイエットにも使えます。だしの味を含ませるよう、小さく切ってしっかり煮て使います。

小豆

ビタミン B1 が豊富で、疲労回復におすすめ。利尿作用が強く、むくみを解消します。やわらかくなるまで煮て、有効成分が溶け出した煮汁ごと与えます。無調味のゆで小豆も便利です。

ひじき

カルシウムを多く含む海藻で、美しい被毛をつくるヨウ素や貧血を防ぐ鉄をはじめとするミネラル類、食物繊維も豊富。消化しづらいので、しっかり水で戻して、細かく切ってから使います。

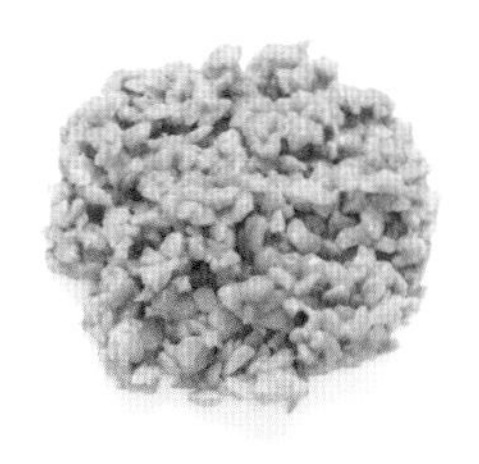

ひきわり納豆

発酵食品は栄養素が消化されやすいのが特徴。血行をよくし、整腸作用もあります。皮膚や被毛の健康にも。納豆菌は熱で壊れるので、トッピングで使います。消化しやすい、ひきわりがおすすめ。

豆腐

良質な植物性たんぱく質が摂れ、大豆を食べるよりも消化しやすいのが特徴。ほかに脂質、カルシウムなどを含みます。大豆や大豆の加工食品は、アレルギーで肉類が摂れない子のたんぱく源としてもおすすめ。

犬に食べさせたい 穀類

お腹を満たす穀類は、一品に1種類を選んで使います。植物の種である米や小麦は、小さな粒にさまざまな栄養素が詰まっています。このほか、そばやパスタ、雑穀なども犬のごはんの穀類に適しています。

ご飯

毎日の食事からおすそ分けしやすく、使いやすいのが白いご飯です。玄米のほうが栄養価が高いものの、毎日のごはんに使うならこちらが手軽です。

うどん

穀類に麺類を使うと、レシピのバリエーションが豊富に。うどんは消化がよいのが特徴。短く切って与えます。原料の小麦粉はお好み焼きなどに使います。

玄米ご飯

栄養満点なので、からだの弱い子や病気の子には、ぜひ与えたい穀類。消化しづらいのでやわらかく炊くか、煮込んで与えます。農薬の心配のないものを選びましょう。

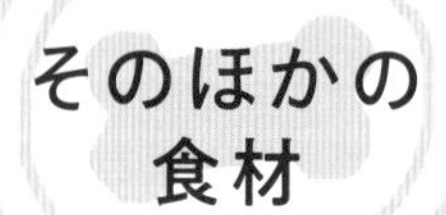

そのほかの食材

ごま、のりのほか、はちみつやしょうが粉など風味を加えたり、嗜好性をアップしたりするのに使います。大量には使いませんが、いずれも効能・栄養豊富です。

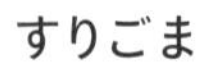

すりごま

香ばしい香りが食欲を増進。セサミンなどの抗酸化物質が豊富で栄養価も高いのですが、粒のままだと消化されないので、すりごまにして使います。

青のり

食物繊維やカルシウムが豊富。いい香りで食欲を誘います。

犬に与えてはいけない
NG食材

好き嫌いが少なく、いろいろなものを食べられる犬ですが、人が食べられるものでも犬には有害な食材もあります。ここで説明する命にかかわる中毒や下痢、嘔吐などの不調は、すべての犬に起こるとは限りませんが、危険のあるものは与えないのが原則です。ハムやソーセージなどの塩分の多いものや甘いお菓子は犬がよろこんで食べますが、健康にはよくありません。

ねぎ類

たまねぎ、長ねぎ、にら、にんにく、らっきょうなど。赤血球を破壊する成分が含まれていて、食べると貧血症状を起こし死に至ることも。加熱しても同様なので注意します。

チョコレート

カカオに含まれるテオブロミンには毒性があり、嘔吐やけいれんなどの中毒症状を起こします。ショック症状や心不全を起こし、死に至ることも。ココアも同様にNGです。

レーズン

腎機能にダメージが生じることがあり、下痢や嘔吐から、脱水、多飲多尿となります。急性腎不全になることもあります。レーズンほどではないものの、ぶどうも同様です。

香辛料

こしょうや唐辛子、カレー粉など刺激の強い香辛料は、毒ではありませんが刺激が強く、犬には向きません。下痢を起こすこともあります。

アルコール

アルコールは、犬には分解できず、下痢や嘔吐、意識障害を起こすことがあります。少量で死に至ることもあるので、誤飲に注意します。

カフェイン

アルコール同様、犬には分解できず、不整脈となることがあります。カフェインを含むコーヒー、紅茶、緑茶は与えないほうが安全です。

キシリトール

ガムや歯磨き粉、菓子類に含まれる甘味料で、摂取するとインスリンが過剰に放出され、血糖を低下させ、嘔吐、下痢、意識の低下、脱力、昏睡などを起こすことがあります。

甲殻類

たこ、いか、えび、かになどは有効成分も豊富に含み、中毒などはありませんが、消化しづらいために胃腸に負担がかかったり、下痢を起こしたりすることがあります。

加熱した骨類

加熱した動物や魚の硬い骨が、ときにのどや内臓に刺さったり、歯が欠けたりすることがあります。事故のようなものですが、注意するに越したことはありません。

手づくり健康食の考え方

いいこと尽くしの手づくり健康食をはじめる前に、
愛犬のためだけでなく、飼い主さんのためにもなる、
ちょっとした心得をお伝えします。
無理をしないのが、長続きのコツですよ。

手づくり健康食は「主食」

市販のフードのラベルに「総合栄養食」と書いてあるのを見たことがありますか？　これは、このフードと新鮮な水を与えれば犬に必要な栄養がバランスよく摂れる「主食」ですよ、という表示です。主食以外のフードには「一般食」、「おやつ」などがあります。手づくり健康食も1日1～2回、主食として与えるごはんです。主食のほかにおやつやサプリメントも紹介していますので、それぞれの与え方を参考にしてください。また、自分でつくってフードのように栄養が摂れるのか不安に思うかもしれませんが、26ページの比率を参考に食材を選び、食材をバランスよくローテーションすれば問題ありません。

市販のフードはいらないの？

毎日、手づくり食を与えるのはまったく問題なく、ぜひ実践してもらいたいのですが、市販のフードを一切やめてしまうことには少し弊害があります。たとえば飼い主さんが病気で寝こんでしまったら、なんらかの事情で人に預かってもらうときに手づくり食までお願いするのは気が引けます。また、災害などでごはんをつくれなくなることもあるかもしれません。そんな万が一に備えて、手づくり食も市販のフードも、どちらも好んで食べてもらえるようにしておくことが大切です。

覚えておきたい4つのこと

① 主食として考える

本書で紹介しているのは、p.62～65のおやつを除いてすべて主食として与えるレシピです。1日1～2回、これまでと同じペースで与えればOKです。スープかけごはんやトッピングごはんでは、市販のフードとあわせて1食として考えます。

② 毎日じゃなくてもいい

手づくり食をはじめたからといっても、つくれない日があってもまったく問題ありません。週に1回でも、運動をして疲れた日だけでも、できる範囲でOKです。また、つくってみてできあがりが写真と違っても、こちらも問題ありません。気軽にはじめましょう。

③ いろいろな食材を使う

肉・魚類、野菜類、穀類のうち、特に野菜は1食のなかに数種を使うのが理想です。今日は1種類しか使えなかったら、明日は別の野菜も使いましょう。同じ食材に偏らないことで、続けるうちに栄養がバランスよく摂れるように組み立てるのが理想です。

④ 市販のフードも食べてもらう

多彩な味を楽しめる手づくり食がおいしすぎて市販のフードを食べたがらなくなることはありますが、多忙だったり、病気をしたり、ごはんがつくれないときのためにもフードも食べられるようにしておくことは、実はとても大切です。なんでも食べられるのがベストです。

1日に必要なごはんの量

手づくり食をはじめるときに、みんなが気になるのが、
どのくらいの量をあげればいいの？ということ。
この本のレシピをもとに、愛犬の体重のぶんだけ、
量を増やしたり減らしたりしてあげてください。

カロリー計算は必要か?

犬の食事の適正量は、犬が消費するカロリーから決まります。カロリーオーバーなら太るし、足りなければ痩せたり元気がなくなったりします。しかし人間も同じですが、特別な理由がなければ、毎回の料理のカロリー計算をして食事をしている人は少ないでしょう。ただ感覚として、揚げ物が続いているなら、今日は野菜を食べていないな、と食事を調節することはあるはずです。犬のごはんにもこの考え方が当てはまります。2週間ほどのスパンで太るようなら減らす、痩せるようなら増やす、と調整します（82ページ参照）。

ごはんの量の考え方

市販のフードなら体重別の「1日の給餌量」が記載してありますが手づくり食にはありません。本書のレシピは5kgの成犬の1日分なので、右ページの表を参考に増減してください。これはあくまで目安の量で、体質や運動量などにより、ごはんの必要量には個体差があります。大切なのは愛犬の様子をみること。満足そうか？　空腹で元気がなくなっていないか？　日々の体重や体型のチェックは必須です（74ページ参照）。ただ、犬は食いだめができるので、満足するまで与えてしまうと食べすぎになってしまうので注意が必要です。

体重にあわせて量を決めるには

レシピの分量は 5kgの成犬1日分

本書のレシピはすべて、5kgの健康な成犬の1日分です。食事が1日2回であれば、できあがりの半量ずつを与えます。

下表をもとに レシピを増減

下の表は、本書のレシピを「1」としたときの体重ごとの必要量を示しています。体重にあわせて「レシピの分量×下表の倍数」でつくってください。p.26の「1:1:1」の割合はキープします。

体型を見て量や 回数を決める

ごはんが変わるとからだが変わります。体重や体型の変化を観察し、太るようなら量を減らす、痩せれば増やす、と調整します。くわしくはp.82へ。

体重別ごはんの量

体重(kg)	1.5	2.5	5	10	15	20
倍数	0.4	0.6	1	1.7	2.3	2.8

計算方法：体重が10kgの犬なら、カロリーから算出したごはんの必要量は、5kgの犬の1.7倍なので、レシピの全体量を1.7〜2倍にしてつくってください。材料を増減するときは細かなグラム数まで厳密でなくても大丈夫です。

調理のきほん

肉か魚と野菜と穀類をあわせて、煮たり焼いたり、
この本の手づくり食のつくり方は、とってもかんたんです。
犬が食べやすく、人間がつくりやすい調理のための、
きほんの「き」を紹介します。

目指すは、犬が食べやすいごはん

犬用と人用の調理での一番の違いは、食材の切り方と味つけです。たとえば肉の切り方の「一口大」。人用だったら、3 ～ 5㎝四方を想像しますが、ここでの一口大は犬の一口大だから、もっと小さなサイズになります。写真でも紹介していますが、これはあくまで一例です。おうちの犬の顔を見て、食べやすそうなサイズに切ってあげましょう。また、野菜をみじん切りにして使うのは、消化しやすくするためです。人よりも短い犬の腸は、食べた食物を留めておく時間も短いので、みじん切りにして分解を助けます。歯ごたえを残したい場合など、野菜も一口大で使うことがあります。

分量は計ったほうがいい？

この本のレシピでは、肉や野菜の分量を「g」表記で載せています。ぴったり同じ重さじゃなくても、肉が多かったり野菜が多かったしても問題はありません。肉・魚類、野菜類、穀類が見た目に同じくらいの分量になるようにつくればよいのです（77ページ参照）。ただ手づくり食をはじめたころは、なにかと不安も多いので、きちんと計ったほうが安心だったりもします。46 ～ 47ページに重量の目安となる写真を載せているので、こちらも参考にしてください。

あると便利な道具

犬用に特別なものを用意する必要はありません。はじめのうちは分量を計ったほうが安心なので、スケールがあるとよいでしょう。計量スプーンは少量を計れる小さいものがあると便利です。

分量の目安・肉類

本書のレシピで使う肉類は、1日分100gが基本になります。100gの肉は、このくらいの分量と覚えておくと便利です。鶏もも肉なら1枚300g前後。3等分して残りは冷凍保存しておくとよいでしょう。

分量の目安・野菜類

野菜類は種類によって、いろいろな分量を使います。20gだと、それぞれこのくらいの大きさになります。多少、分量が違っても気にしません。使う野菜類を合わせた量が肉・魚、穀類と同じくらいのボリュームになれば目分量でもOKです。

食材の切り方

一口大は愛犬の口のサイズにあわせて、大型犬ならもっと大きくてもOK。野菜は消化を促すために粗めのみじん切りにします。風味づけに少量そえる生野菜（だいこんなど）はすりおろして使うこともあります。

調理のポイント

point 01 味つけはしない

食材がもつ味とにおいがあれば、犬は十分おいしく感じてくれます。人と同じような味つけをすると、犬には塩分や糖分が多すぎてしまいます。油も使うときは少量にします。

point 02 つくりおきOK

かんたんとはいえ毎日はちょっとしんどいなら、つくりおきがおすすめです。1食または1日分ずつ小分けに冷凍しておけば、解凍するだけでOKです。保存は1ヵ月ほどを目安に。小サイズのストック袋や保存容器があると便利です。

point 03 脂身・鶏皮は除く

脂身や鶏皮がからだに悪いわけではありませんが、食べすぎると太ってしまいます。取り除いた肉からも脂質は摂取できるので、脂身、鶏皮はできれば取り除いたほうが無難です。多少残っても問題ありません。

point 04 野菜はよく洗う

野菜の皮は、むいてもむかなくても、どちらでもよいですが、むかずに使う場合や葉物はしっかり洗い、汚れや農薬を落とします。たまねぎやさといもの皮、じゃがいもの芽など、人が食べられないものは、もちろん取り除きます。

point 05 きちんと加熱する

生食が推奨されることもありますが、生で食べられる新鮮な肉や魚を常に入手するのは困難。基本的には、人の食事と同様に火を通します。本書のレシピにはありませんが生を与えてもよいのは「生食用」、「刺身用」のみです。

point 06 アクを取る

肉や野菜をゆでると浮いている「アク（灰汁）」は野菜のえぐみや渋み、肉や魚の臭み成分や余分な油です。人の料理同様に取り除くことで、おいしくでき上がり、カロリーカットにつながります。ほうれんそうは使う前に下ゆでして水にさらし、アク抜きしましょう。

与えるときのポイント

思っていたよりもかんたんそうだし、うちでも手づくり食を
はじめてみようかしら？と思ったら、
犬に食べてもらう前に、いくつかのポイントを
確認しておきましょう。

犬も温かいごはんが好き？

「冷たいごはんは味気ないなぁ」と犬が思っているかどうかはわかりませんが、温かいほうがにおいが立つので、冷たいごはんよりもおいしく感じてくれるはずです。ただ人のごはんのように熱々なのは犬には向きません。冷凍保存しておいたごはんをレンジ解凍したときなどは、熱すぎないように注意しましょう。

またドライフードと違い、手づくり食は常温に出しっぱなしにすると傷みます。食べ残しはいつまでも置いておかずに、少し待っても食べないようなら片付けましょう。

食べてくれなかったらどうしよう

犬は食いしん坊なので、その心配はほぼ不要です。ただ、ずっとドライフードを食べていた犬が見知らぬ手づくり食に違和感を感じ、すぐには食べてくれないことも。お腹が空けばそのうち食べるので様子をみましょう。大嫌いな食材がある子、形状にこだわる子もいるので、そのときは好みにあわせて調整・改良していきます。また、ごまやかつお節など香りのよいものをふりかけて食欲を刺激するのも方法です。食感が気に入らない、サイズが食べにくいことが理由で食べないこともあるので、一度であきらめずいろいろ試してみましょう。

「いただきます」のその前に

人肌程度の温度で与える

調理したてのごはんなら人肌くらいの温度に冷ましてから与えます。冷蔵庫から出したものなら少しだけ加熱して、やっぱり人肌程度にしてから「いただきます！」。

トッピングならフードは減量する

市販のフードに手づくり食をのせるときは、フードとトッピングをあわせて適量になるように、ふだんよりもフードを少なくします。この本のレシピだったら、フードは75%量が適しています。

食べ残しは早めに回収

人のごはんと同じで、特に夏場は、常温に出したままだと傷んでしまうので気をつけて。完食しない場合はいつまでも待たず、早めに片付けます。たくさん残ってしまったら、容器に移すなどして冷蔵庫へ。次の食事にまわしてもOKです。

食材や切り方を変えてみる

嫌いなものが入っているか、食べにくいのか。食べない理由は、すぐにはわかりませんが、材料や切り方、温度を変えるなど、いろいろ試してみて！　嫌いな食材は、無理に食べさせなくてもOKです。ほかのもので栄養を補いましょう。

においで誘う

いいにおいがすれば、たいてい食べてくれます。一度は食べなかったものでも、香りの強いごまやかつお節、煮干し粉、青のりなどをふりかけると、食べてくれるかも。調理の際に少量の植物油（オリーブオイル、ごま油など）を使うのもおすすめ。

スプーン1杯の栄養サプリ

いちばんかんたんな手づくり食は、
スプーン1杯に愛情と栄養がたっぷり

＊冷蔵庫に保存して4日以内には使い切りましょう。

ごまハニー

疲労回復、アンチエイジングに。
からだを潤す働きのあるごまとはちみつでつやつや元気!

材料（つくりやすい分量）

- すりごま…小さじ2
- はちみつ…大さじ1

つくり方

1 すりごまとはちみつををよく混ぜる。小さじ1/2を1回分としてフードにかけるか、スプーンなどで与える。

ポイント

ごまは黒でも白でもOK。中医学的には白ごまは皮膚の乾燥や通便に、黒ごまは被毛を潤す効果が強いといわれています。

あったかだいこん葛練り

腸の粘膜を保護し、お腹を温める葛を使ったサプリ。
お腹が弱い子や、プチ断食にも

材料（つくりやすい分量）

- 葛粉…大さじ1
- しょうが粉…少々
- だいこん（すりおろし）…大さじ1
- 水…100ml

つくり方

1 鍋に、葛粉、しょうが粉、水を入れてよく混ぜ溶かす。
2 鍋を弱火にかけ、練りつづける。
3 もったりして透明感が出てきたら火からおろして、だいこんおろしを加える。食べやすい温度まで冷ましてから、小さじ1杯をフードにかけるか、スプーンなどで与える。

ひじきのオイルサプリ

栄養豊富な植物油に、海藻のミネラルを組みあわせて

材料（つくりやすい分量）

●ひじき（水でもどしたもの）…小さじ2　●オリーブオイル…大さじ1

つくり方

1　ひじきとオリーブオイルをよく混ぜあわせる。小さじ1杯をフードにかけるか、スプーンなどで与える。

水分と栄養補給のスープ

フードにかけたり、素材を煮るのに使ったり、
そのまま与えてもよろこびます

＊冷蔵保存なら7日間、冷凍庫で2～3週間以内に使い切る。人肌程度に温めてから与えます。

チキンスープ

鶏の良質なたんぱく質と野菜のビタミンが摂れる、
うまみもたっぷりのスープは犬に人気!

材料（つくりやすい分量）

- 鶏ガラ…1羽分　● 水…1L
- くず野菜（にんじん、だいこん、セロリなど）…適量

つくり方

1 鶏ガラは水でさっと洗い、血合いなどを落とす。
2 鍋に全部の材料を入れ、強火にかける。煮立ったらアクを取りながら、弱火にして20～30分煮る。
3 ザルにキッチンペーパーを敷いて漉す。

代用食材 鶏ガラ ➡ 鶏手羽元、鶏むね肉、鶏もも肉
（皮や余分な脂身は取り除く）

煮干し粉スープ

DHAやEPA、カルシウムをはじめとする
ミネラルやビタミンが豊富な
煮干しのスープは、つくり方もかんたん

材料（つくりやすい分量）

● 煮干し粉…小さじ2　● 水…500ml

つくり方

1 ペットボトルや保存容器に煮干し粉と水を入れ、冷蔵庫にひと晩おく。
2 使う分量を鍋に入れ、4～5分煮出す。

おかかスープ

煮出すだけのかんたんおだし。
人のごはん用を
おすそわけしてもいいでしょう

材料（つくりやすい分量）

● かつお節…1パック（3g）
● 水…200ml

つくり方

1 沸騰させた湯にかつお節を入れて、香りが出たら火を止めて冷ます。

ちょっとのせ、おすそわけごはん

食事づくりのついでに、おかずの一部を少しおすそわけ。
同じものを食べるって、なんだか幸せです

豚汁からのおすそわけ

豚汁をつくるとき、犬のために材料をちょっと取りわけて。
豚肉はビタミンB群が豊富。こんにゃくは食物繊維がたっぷりです

材料（5kgの成犬1日分）

- 豚もも肉…30g　●だいこん…5g　●にんじん…10g
- しめじ…5g　●こんにゃく…10g　※肉以外の具を合わせて30gにする。
- 煮干し粉スープ（p.56）…100ml

つくり方

1. 豚肉、だいこんは一口大に、にんじん、しめじはみじん切りにする。
2. こんにゃくは沸騰した湯でアク抜きし、みじん切りにする。
3. スープにだいこん、にんじんを入れて火にかけ、沸騰したら豚肉を入れ、アクを取りながら煮る。
4. 野菜がやわらかくなったら、しめじ、こんにゃくを入れる。
5. しめじに火が通ったら火を消し、人肌に冷ます。
6. 規定量の75%のドライフードに⑤を汁ごとかける。

※若齢犬や高齢犬はよくふやかし、具とフードをよく混ぜて与える。

サラダからのおすそわけ

デトックス食材たっぷりのトッピング。チキンスープのいい香りで、
野菜嫌いの子も思わずペロリ

材料（5kgの成犬1日分）

- ブロッコリー…10g　●きゅうり…10g　●トマト…10g
- ゆで卵…30g　●オリーブオイル…小さじ1/4
- チキンスープ（p.54 または水）…100ml

つくり方

1. ブロッコリーはゆでておく。スープは人肌程度に冷ましておく。
2. ゆでたブロッコリーとそのほかの野菜はすべてみじん切りに、ゆで卵は一口大に切り、オリーブオイルをまぶす。
3. 規定量の75%量のドライフードに②をのせ、スープをかける。

※オイルは冷蔵庫に入れると固まるので、与える前に加えるのがよい。

— ポイント —
ゆで卵は半熟が
消化がよいので
おすすめです。

いり卵トッピング

家の冷蔵庫にいつもある卵を使ったかんたんトッピング。
抗酸化作用のある野菜とあわせてヘルシーに

材料（5kgの成犬の1日分）

●卵…1個　●トマト（ミニトマトでも）…15g
●じゃがいも…15g　●ごま油…小さじ1/4

つくり方

1 トマトはみじん切りにする。じゃがいもは一口大に切り、竹串がすっと通るくらいにゆでる。卵は溶いておく。
2 鍋にごま油を熱し、溶き卵を流し入れ、いり卵をつくる。
3 ①と②を規定量の75%量のドライフードにのせる。

納豆トッピング

整腸作用のある納豆と、消化を助けるだいこんで、
お腹にやさしく、さらさら食べられるスープかけごはん

材料（5kgの成犬の1日分）

- ひきわり納豆…30g　●だいこんおろし…20g
- おかかスープ（p.56）…50ml

つくり方

1 規定量の75%量のドライフードに、納豆、だいこんおろしをのせ、人肌程度に温めたスープをかける。
※若齢犬や高齢犬はよくふやかし、具とフードをよく混ぜて与える。

かんたん!手づくりおやつ

食べすぎが気になるおやつも、手づくりならヘルシー。
特別なおいしさが、犬のこころを満たします

季節のフルーツ&ヨーグルト

便秘や乾燥肌の子に向いた、からだを潤すおやつ。
りんごは別名「医者いらず」。疲労の緩和にも

材料(つくりやすい分量)

- プレーンヨーグルト(無糖)…小さじ1〜2
- りんご…皮をむいて20g

つくり方

1 りんごをすりおろし、ヨーグルトと混ぜる。甘さを加えたいときははちみつを少々プラス。

── ポイント ──
果物は、いちごやすいか、柿など、犬に与えてよいとされる季節のもので。

豆乳寒天おやつ

良質なたんぱく質が摂れる豆乳にフルーツを添えて。
寒天の食感も楽しめます

材料（つくりやすい分量）

- 粉寒天…4g
- 水…200ml
- 無調整豆乳…300ml
- 季節の果物…適量

※果物はいちごやキウイフルーツ、みかん、ブルーベリーなど

つくり方

1 鍋に水と粉寒天を入れ、よく混ぜ中火にかける。沸騰したら2分ほど煮る。
2 火を止め、①に豆乳を入れてよく混ぜ、型に流し入れる。
3 粗熱を取ったら、一口大に切った果物を散らすように入れ、冷蔵庫で冷やし固める。
4 固まったら型から出し、食べやすいサイズにカットする。
※冷蔵庫で5日ほど保存可。

—— ポイント ——

ほんのり甘いきな粉をかけると、さらに食欲がそそられます。

さつまいものソフトクッキー

小麦粉にアレルギーがある子にも向く、おいものクッキー。
さつまいもがお腹の調子を整えます

材料（つくりやすい分量）

●さつまいも…中1本（約200g）　●山いも…約2㎝（約50g）
●はちみつ…大さじ1

つくり方

1　オーブンを200℃に温めておく。
2　さつまいもは一口大に切り、5～10分水にさらしてから、やわらかくなるまで蒸す（電子レンジでやわらかくなるまで加熱してもよい）。山いもは、すりおろす。
3　さつまいもをボウルに移しフォークの背やマッシャーでつぶし、山いも、はちみつを加えてよく混ぜる。
4　③の生地を小さじ1ずつ、オーブンシートを敷いた天板にのせ平らに成形し、200℃で13分程焼く。

ぽりぽり野菜スティック

歯ごたえのある野菜をかみかみして、
歯磨き効果を狙います。コミュニケーションにも

材料（つくりやすい分量）

● 歯ごたえのある野菜（だいこん、きゅうり、にんじんなど）…適量

つくり方

1　だいこん、きゅうり、にんじんなどを5㎜角で5㎝長ほどのスティック状に切る。
2　端を持ったまま食べさせる。

ポイント
端を持って食べさせないと、一気食いや丸呑みをしてしまい歯磨き効果が得られません。よく噛ませることが大切です。

はじめての手づくりレシピ

100%手づくり食の基本バランスがよくわかる、
きほんのレシピを3種類、ご紹介します!

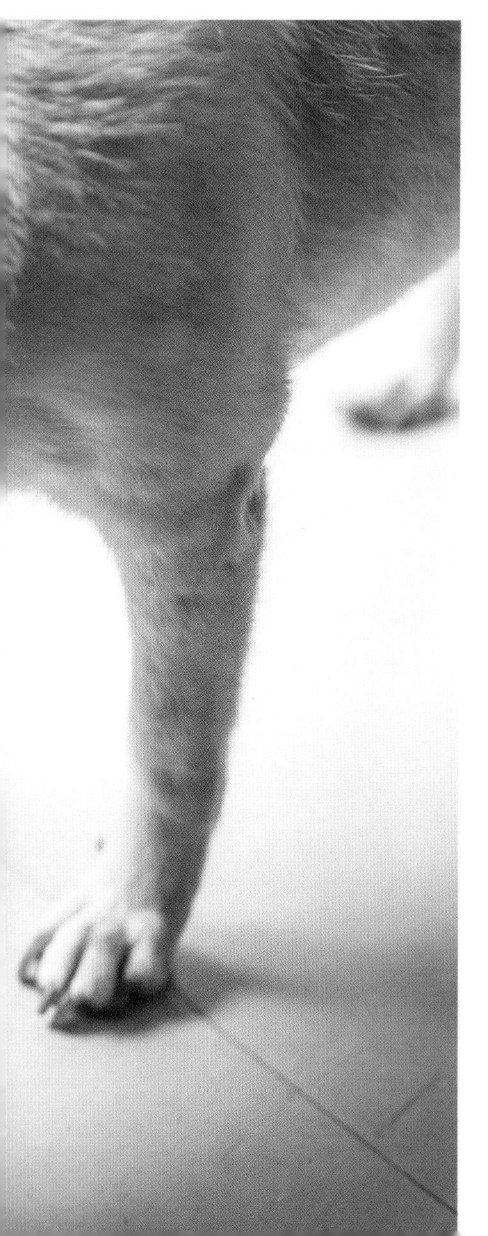

きほんの五目おじや

肉と数種の野菜、ご飯をバランスよく
あわせた、超きほんのレシピです

材料（5kgの成犬1日分）

- 鶏もも肉…100g
- 干ししいたけ…1/2枚
- にんじん…20g
- だいこん…10g
- 小松菜…20g
- ご飯…茶碗1/4杯
- 水…適量

つくり方

1 干ししいたけは水またはぬるま湯（分量外）で戻す。戻し汁はとっておく。
2 鶏肉は一口大、しいたけと野菜はみじん切りにする。
3 しいたけの戻し汁と水をあわせて150mlにして鍋に入れ、にんじん、だいこんを入れて中火にかける。
4 沸騰したら鶏肉を加え、アクを取りながら肉と野菜に火が通るまで煮る。
5 しいたけ、小松菜、ご飯を加え、弱火で5分ほど煮る。

鮭の混ぜご飯

抗酸化作用が強い鮭とひじきとブロッコリーを
ご飯と混ぜるだけ。 おいしくて健康的な主食が完成!

材料（5kgの成犬の1日分）

- 生鮭…1切れ
- ひじき（水でもどしたもの）…小さじ1
- ブロッコリー…小房1個
- ご飯…茶碗1/2杯

つくり方

1 鮭は、焼いてからほぐし、骨を取り除く。
2 ひじきはみじん切りに。ブロッコリーはゆでてからみじん切りにする。
3 ご飯に、鮭、ひじき、ブロッコリーを混ぜる。

野菜ときのこのチャーハン

ごま油の香ばしさが食欲をそそる!
野菜ときのこ、卵を使ったヘルシーで栄養価の高い主食です

材料（5kgの成犬の1日分）

●にんじん…20g　●小松菜…30g　●まいたけ…10g
●卵…1個　●ご飯…茶碗1/4杯　●ごま油…大さじ1/2

つくり方

1 にんじん、小松菜、まいたけはみじん切りにする。卵は溶いておく。
2 フライパンにごま油を熱し、野菜ときのこを中火で炒める。
3 野菜に火が通ったら溶き卵を流し入れ、混ぜながら炒める。
4 卵に火が通ったらご飯を入れて強火にして、ほぐしながらさっと炒める。

私たちの手づくりレポート①

長年の手づくり食で病気知らず

チワプー　15歳

埼玉県　Mさん

子どものころからずっとフード+手づくりトッピング。15歳のいままで大きな病気をしたことがないそうです。

◎はじめた理由

先々代犬のヨークシャー・テリアにダイエットが必要になったとき、ダイエット食を食べてくれないので「野菜を食べさせれば痩せるかな?」と気軽にはじめたのがきっかけ。キャベツ、にんじん、さつまいもと鶏ささみを基本に、ブロッコリー、かぼちゃ、だいこんは、あるときに加えます。野菜をみじん切りにしてゆで、ささみはゆでてからほぐして、フード1：トッピング2くらいの割合で与えています。

◎手づくり食による変化

ヨーキーは、ダイエットに成功。便秘も治りました。以来、3代目犬のトイプーまで、わが家の犬はみんなこのごはんを食べています。ヨーキーは17歳半、2代目のコッカーは14歳まで、大きな病気もせず長生きしてくれました。トイプーは子どものころからこのごはんを食べているので、変化というのはわかりませんが、やっぱり15歳まで病気をしたことはありません。

◎好きなもの嫌いなもの

食にこだわりがあるのか、チーズも果物も苦手。キャベツの芯が好きみたいで、葉だけだとあまり食べません。あと、盛り付けもささみが一番上にないとダメみたい。毎日のフードもずっと使っている、ごく普通のフード一択です。シニア用フードに変えたら食べてくれなかったので、フードは変えずにトッピングの汁を多めにして30分くらいふやかしてやると、よく食べてくれました。

◎手づくり食を続けるコツ

もう数十年も続けていて、毎日フードを与えるのと同じ感覚なので続いているのかな?　3日分ほどつくりおきをしています。

◎手づくり食のいいところ

ほぼ自己流で続けていますが、どの子も大きな病気もせず長生きしてくれているので、うちの子たちには合っているのかもしれませんね。

CHAPTER

3 健康食をもう少し掘り下げてみよう

食生活と生活習慣病のこと

これを食べれば健康に、これを食べたから病気になる、
ましてや、病気が治る特定の食べものはありません。
それでもやはり、いい食生活は健康生活の第一歩。
食の乱れによる不調は犬にも起こります。

犬にもある、生活習慣病

食生活の乱れや運動不足など、生活習慣が要因となって引き起こされる病気の総称が「生活習慣病」。人でもたびたび話題にのぼり、血圧の上昇を抑える、血糖値を下げる食品やサプリも人気です。そして、犬も生活習慣病になります。考えられる理由として、食生活の向上と運動不足があります。また獣医学の進歩により犬の寿命が延びたことから、中高齢から発症しやすい病気が増えているともいわれています。

要因のひとつでもある食生活を見直すことで、生活習慣病になりにくいからだを目指しましょう。

健康的な生活習慣をつくるのは飼い主の役割

健康的なごはんを食べるのも、散歩に出かけて運動不足を解消するのも、犬はみずからすることができません。これは飼い主さんの仕事です。病気になった＝食生活が悪い、ということではないし、手づくり食にすれば絶対病気にならないということもありません。しかし食生活を正すことで、粗悪なフードの添加物や、保存が悪く劣化したフードを食べることで起こる健康被害のリスクから愛犬を守ることはできますし、万病の元といわれる肥満を予防することもできます。

犬に起こりやすい生活習慣病

ガン

高齢犬の死因上位であるガンは、ストレスや老化、食べものなど、さまざまな要因で発症します。粗悪なフードの化学的な添加物の影響も指摘されています。早期発見・早期治療も大切です。日々のスキンシップで、からだにしこりがないかを確認しましょう。

糖尿病

インスリン注射や食事療法など、発症すると一生付きあっていかなければならない糖尿病。進行すると合併症も心配です。遺伝的な要因もありますが、肥満にさせないことが、飼い主ができる予防のひとつです。また、歯周病は糖尿病を悪化させます。

心臓病

先天性のものと高齢になり発症するものがあります。食事が原因ということはありませんが、心臓病と診断された場合、食事や運動など生活面の管理が必要です。また、肥満になると心臓に負担がかかりよくありません。加齢によって発生が増加します。

予防のために……

①肥満にさせない。②歯周病にさせない。③運動不足にさせない。④不要なストレスを与えない。生活習慣病の予防には、この4つが大切です。愛犬の生活習慣をつくるのは、飼い主であるあなたです。

手づくり食が肥満を防ぐ

野生動物では考えられませんが、犬も猫も鳥も、
人と暮らしている生きものは「肥満」になることがあります。
カロリーオーバーや運動不足が原因ですが、
いいごはんを続けることで、肥満は改善できます。

犬も人も肥満は万病の元

人の社会で太りすぎで悩んでいる人は多くいますが、食が豊かになったこと、室内飼いが増えたことなどから、犬の肥満も問題になっています。人と同じで犬も太りすぎると、さまざまな病気を招いてしまいます。関節や心臓に負担がかかり、血圧が高くなる……太っていていいことはひとつもありません。最近、犬に増えている生活習慣病も肥満にさせないことが予防のひとつといわれています。また、愛犬が太っていることに飼い主さんが気づいていないことも、実は多いのです。

太らせないことが大事だけれど

太らせないことが第一ですが、太っていれば、さっそくダイエットをしましょう。ここは手づくり健康食の得意なところ。体重を落とすためには低カロリーの食材を使ったり、食事の量を減らしたりするのですが、手づくり食なら満腹感を得られるのに低カロリーなごはんをつくることができます。食事量を減らしたぶん、満腹感を補うために野菜を増量するなど工夫します。もうひとつ大切なのが運動です。極端な食事制限で痩せるよりも、運動をしながらゆっくり痩せたほうが健康的なのは人と同じです。

うちの子って太っているの？

体型で肥満をチェック～ボディコンディションスコア

からだを見る、触れることで体型をチェックする、肥満の評価方法がボディコンディションスコアです。ポイントは肋骨と腰部。スキンシップをとりながら、愛犬の体型を確認してみましょう。

BCS				
1 **痩せすぎ** 理想体重の 85%以下	2 **体重不足** 理想体重の 86～94%	3 **理想体重** 理想体重の 95～106%	4 **体重過剰** 理想体重の 107～122%	5 **肥満** 理想体重の 123～146%
[肋骨] 脂肪に覆われず容易に触知できる。 [腰部] 皮下脂肪がなく骨格構造が浮き出ている。	[肋骨] ごく薄い脂肪に覆われ容易に触知できる。 [腰部] 皮下脂肪はごくわずかで骨格構造が浮き出ている。	[肋骨] わずかに脂肪に覆われ触知できる。 [腰部] なだらかな輪郭またはやや厚みのある外見で、薄い皮下脂肪の下に骨格構造が触知できる。	[肋骨] 中程度の脂肪に覆われ触知困難。 [腰部] なだらかな輪郭またはやや厚みのある外見で、骨格構造はかろうじて触知できる。	[肋骨] 厚い脂肪に覆われ触知が非常に困難。 [腰部] 厚みのある外見で、骨格構造が触知困難。

肥満のタイプを知る

ダイエットではごはんの量を減らすのが早道ですが、ただ減らすだけでは効果がない場合もあります。太り方には、たんぱく質で太るタイプと炭水化物で太るタイプがあり、タイプによって減らすべき要素が変わるのです。どちらのタイプかは、ごはんと太り方の関連性から見極めるしかなく、かんたんではありませんが、これが判明すればダイエットの効果が劇的に上がります。

手づくりレシピの組み立て方

犬にとってバランスのよいレシピの組み立てが1：1：1というのは、これまで何度もお伝えした通りです。
でも子犬もご長寿犬も、太っちょさんもスポーツワンコも、みんな同じでいいの？と思いますよね。

レシピ通りにつくって手づくり食に慣れる

肉・魚類1：野菜類1：穀類1が、犬の手づくり健康食の基本のルール。まずはレシピ通りにつくってみましょう。レパートリーを増やすときもルールを（ざっくり）守ればOKです。このときのポイントは使う食材のローテーション。野菜は1品に数種類を取り入れましょう。白い野菜と緑黄色野菜、葉物と根菜など、タイプの違う野菜を組み合わせるとバランスがよくなります。この本でレシピを紹介していますが、特定の効果を狙った目的別レシピでは、1：1：1の基本と異なるバランスのこともあります。

愛犬に合わせてレシピをアレンジ

スポーツをしていてカロリーを多く消費する子、ダイエット中でカロリーを抑えたい子などは、まず食事の量を増減します。肉類を増量、炭水化物を減らして野菜を増やすなど、1：1：1のバランスが多少変わっても問題ありません。ただしダイエット中でも、ごはんが少なすぎるのは犬にもストレスです。そんなとき手づくり食なら、それぞれに効果のある食材を取り入れられます。右ページはその一例です。また、お腹が弱い子には、腸内環境を整える食材を日常的に取り入れてあげましょう。

手づくり食の黄金バランス

基本の割合

肉・魚類1：野菜類1：穀類1の基本のレシピ。並べてみて見た目に同じくらいになればOK。この本のレシピ以外のごはんをつくるときにも、このバランスにすれば、健康的なごはんになります。

スポーツ好きなら

カロリーを多く消費するので量は多めにしてあげてよいでしょう。肉類なら、良質なたんぱく質である鶏ささみ肉、疲労回復には豚肉。ビタミンも多く消費するので、ビタミン豊富な緑黄色野菜も一緒に摂ります。カルシウムや鉄分が豊富な小松菜やビタミンC豊富な果物などがおすすめです。

ダイエット中なら

極端に量を減らすと満足感が得られません。からだを温め代謝をよくし、脂肪の燃焼を助けるラム肉、不溶性食物繊維が多いカボチャなど減量に向く食材を。おからやこんにゃくは低カロリーで満腹感を得られます。腸内細菌を整えてくれる発酵食品（納豆、味噌など）も取り入れます。

お腹の調子が悪いなら

原因はいろいろですが、腸内環境を整えましょう。繊維質の多いこんにゃく、海藻類、れんこんやごぼうなど根菜類。りんごのペクチンは善玉菌のエサになるので腸内環境改善に役立ちます。中医学的に消化を助ける働きがある食べ物（消食類という）は、だいこん、かぶ、オクラなどです。

年齢にあわせたごはんスタイル

成長期はたくさんの栄養を摂り、からだをつくる時期。
歳をとって食が細くなれば、それでも健康を維持できる
食事に変えていくことになります。
手づくり食なら、そうしたアレンジもかんたんです。

必要なごはんは年齢で変わる

犬の一生を大きく分けると、成長期、成犬（維持）期、高齢期の3区分があります。離乳をしてから1年（中〜大型犬は1.5年〜2年）までは、たくさん食べてからだをつくる時期。その後は健康を維持する成犬期です。7歳ごろから老いの気配が現れてきて、10歳にもなれば高齢犬。運動量もエネルギー消費量も落ちてきます。また成犬でも妊娠・授乳期は、やはりたくさんのエネルギーを必要とします。手づくり健康食なら特別なものを準備しなくても、年齢の変化にあわせたごはんをかんたんにつくることができます。

幸せな高齢期を迎えるために

高齢期とされる10歳を過ぎるころから、いろいろな病気が現れるようになってきます。加齢による目の不調や関節炎、内臓にも不具合が出てくる、変化の多い時期です。若いうちから健康的な食事を摂っていくことで、このころのからだの変化を小さく抑えられ、いつまでも若々しくいることができます。日々の変化に合わせたごはんをそのつど用意できる手づくり食は、からだが変わる時期である高齢期にも最適。愛犬の様子を日々、確認して、いいごはんで健康寿命を延ばしましょう。めざせ！　ご長寿犬。

子犬と老犬でごはんを変える

成長期（～1歳）

ほんの小さな子犬がたった1年で大人と同じサイズにまで成長する、からだをつくる大事な時期。一生のうちで、一番エネルギーが必要です。

- すべての栄養素が必要
- 同体重の成犬の食事量よりも1.2～1.5倍多めでOK
- 一度にたくさん食べられないので、月齢に応じて1日数回に分けて与える

栄養バランスのよい食事をたくさん食べてもらいます。離乳食期の4～5ヵ月目までは、細かく刻み、やわらかく煮てあげます。この時期にいろいろなものを食べて、好き嫌いをなくしましょう。

高齢前期（10～13歳）

活動量が低下するため、基礎代謝量が少なくなります。加齢によって内臓の機能が衰えたり、骨量の減少により骨が弱くなったり、さまざまな病気が出てきます。

- 低カロリー高たんぱくの食事
- 病気があれば体調に適したレシピを（獣医師にも相談）
- 食べているのに痩せるなら病院で検査する

代謝が落ちてくるので、成犬期と同じだけ食べていると太ってしまいます。体重を確認しながら低カロリー高たんぱくをこころがけましょう。

高齢後期（14歳～）

老化が止まるわけではありませんが、このくらいの年齢までに現われた病気を乗り越えられると、老いたながらも、からだは比較的、安定します。穏やかな老後のイメージです。

- 食欲が落ちたら病気のおそれもあるので病院へ
- 歯が抜けるなど食べにくくなれば、おじやにするなどの工夫を
- 一度にたくさん食べられなければ、月齢に応じて1日数回に分けて与える

高齢になると新しいものを受け入れにくくなるので、なるべく食べ慣れたものを。食事に介助が必要になったら、誤嚥などを防ぐため、一度獣医師の指導を受けておくと安心です。

食材の効能を知ろう

ふだん何気なく選んで食べている食材には、
それぞれに違った栄養があり、また、からだに与える
効能があります。「食べる」ということは、
そうした食材の力を取り入れることでもあるのです。

適切な食材選びで健康食が充実する

手づくり健康食は、自分で使う食材を選んで組みあわせてつくります。そこで食材がもつ効能を知っていれば、愛犬の様子をみながら体調にあったごはんをつくることができるのです。これは市販のフードにはない大きな長所です。

食材の効能を知るのにわかりやすいのは中医学や栄養学の知識です。どちらも専門的な知識なので理解するのは大変ですが、からだを温める・冷やす、胃腸を整える、めぐりをよくするなど、犬の健康に必要な効能をもつ食材だけを覚えておくだけで十分です。

旬の食材を取り入れるだけでもいい

湿気が多い夏はからだがむくむ、冬は皮膚が乾燥する、季節によって体調は変化するので、季節にあった食事を摂ることは大切です。夏野菜のトマトやきゅうりはからだを冷やす食材。にんじんやかぼちゃは秋～冬が旬でからだを温めます。旬の食材には、その季節にからだを整えるのに適した効能をもっているものが多いのです。また寒い地域で採れるものは温める、暑い地域で採れるものは冷やす、という傾向もあります。旬を取り入れるだけでも季節にあったごはんをつくることができます。

効能別おすすめ食材

からだを温める・冷やす

からだを温めるのは、鶏肉、羊肉、鮭やあじ、かぶ、しょうがなど。冷やすのは馬肉、きゅうり、海藻類、きのこ類、トマトなど。真夏の猛暑時や、熱やほてりがあるとき以外は、からだは冷やしすぎないようにします。

胃腸を整える

納豆、山いもなどの食材は胃や腸の粘膜の保護に。さつまいもやごぼう、ブロッコリー、きのこ類の食物繊維は腸の働きを活発にします。味噌やヨーグルト、納豆などの発酵食品は善玉菌の働きを応援します。

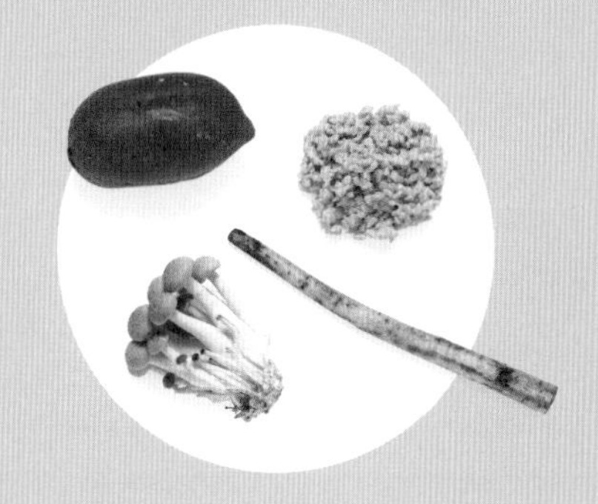

血行促進

ビタミンやオメガ3脂肪酸（DHA、EPA）が豊富な鮭やぶり、あじ、いわしなど魚類、抗酸化成分やビタミン類を多く含むブロッコリーやかぼちゃ、そのほかの緑黄色野菜、セロリなどは血行をよくしてくれます。

デトックス

海藻類やにんじん、ごぼう、れんこんは食物繊維で老廃物の排泄を促進。かぼちゃ、ほうれんそう、果物類のビタミンEやビタミンCは、血行をよくし毒素の排出をスムーズに。しじみやかぶは肝機能を助けます。

2週間目の健康チェック

手づくり健康食をはじめたら、ぜひ実践してほしいのが、
愛犬のからだのチェックです。
食生活をがらりと変えたことで、犬のからだには、
いろいろな変化が起こります。

適正量を知るための体重チェック

毎日のごはんを変えることで、犬のからだに変化が起こります。ごはんの量が適切かを知るために、まずチェックすべきは体重の変化です。手づくり食に切り替えた2週間後に、それ以前との体重を比較しましょう。元々、適正体重で、太るならごはんが多すぎ、痩せるなら少なかったと考えられます。2週間後にする理由は、1週間だと影響が現れないこともあり、これ以上遅くなると太っていた場合のダイエットが必要になってしまうからです。ただし、2週間以前に極単に痩せたり太ったりしたときは、その時点で調整をはじめましょう。

からだに起こる変化のいろいろ

比較的早いタイミングで起こる変化がうんちです。腸内細菌のバランスが変わるため、下痢をすることがよくあります。おしっこが増えるのは水分摂取が多くなるから。一時的なものなので、しばらく様子をみてください。1回の下痢で手づくりごはんはダメなのか、と思うことはありません。ほかに、体臭や口臭がきつくなる、かゆみや目やにが出るなどの変化があるかもしれません。これらは、からだに不要な老廃物などが食事の変化で排出されていると考えられます。続けているうちに落ち着くので、心配しすぎなくて大丈夫です。

一時的なからだの変化

体重増減

ごはんの適正量を正しく知るためにも、体重は必ず確認してください。適正体重より増えるようならごはんを減らす、減るようならごはんを増やします。これで、愛犬に適したごはんの量が決まります。手づくり食が低カロリーなことから、どちらかというと痩せてくることが多いようです。

口臭・体臭

排出のひとつで時期を過ぎればおさまります。手づくり食で体臭がおさまる、毛づやがよくなるケースも。

下痢・嘔吐

いつものフードから手づくり食に替えることで腸内細菌のバランスが変わり、下痢や嘔吐を引き起こすことがあります。これは比較的早く起こる変化のひとつです。1週間ほどで落ち着きます。排出物の様子を確認しましょう。

頻尿

水分を含まないドライフードだけを食べていると水分が不足しがち。ごはんに水分が含まれていることで、尿の量・回数が増えますが、これが適正といえます。

かゆみ・脱毛

水分の多いごはんを摂ることでめぐりがよくなり、かゆみや脱毛として排出されます。涙や目やにが増えることもあります。

そのほか

排出として起こる変化であれば心配ありません。薬などで抑えようとするのは逆効果です。長く続く場合は、特定の食材のアレルギーなども考えられます。心配な症状がみられたときは、獣医師の診察を受けることをおすすめします。

からだを元気にするレシピ

ここからは、犬の健康に大事な４つの要素（19ページ）を叶えるベーシックなレシピと、体調に応じた症状別のレシピを紹介します。愛犬の様子がいつもと違うと思ったら、このページを参考にしてください。手づくり食生活に慣れてきたら、このレシピで使っている食材・分量をベースに、体調にあわせてアレンジするのもおすすめです。きほんのルール（26ページ）を覚えておけば、手づくり食のレシピは無限です。

アイコンの見方

冷えは犬にとっても万病の元。からだのなかからもしっかり温めてあげましょう。

血液がさらさらと流れて血行がよくなれば、代謝も自然とアップします。

栄養の吸収を担う腸の調子がよいと、自然と免疫力が高まります。

ごま味噌豆乳うどん

しょうが、味噌など温める食材を取り入れて、お腹からからだを温めます

材料（5kgの成犬1日分）

●鶏もも肉…100g　●ゆでうどん…1/4玉（50g）　●にんじん…30g
●かぼちゃ…50g　●しいたけ…1/4枚
●ごま油…少々　●豆乳…100ml　●味噌…小さじ1/6
●すり白ごま…小さじ1　●しょうが粉…少々

つくり方

1　鶏肉は皮と脂を取り除き一口大に、野菜やきのこはすべてみじん切りにする。うどんは食べやすい大きさに細かく切る。
2　鍋にごま油を熱し、鶏肉と野菜、きのこを中火で炒める。
3　鶏肉に火が通ったら、豆乳、うどんを入れて、弱めの中火で煮る。うどんがほぐれたら火を止め、味噌を溶かす。
4　人肌に冷めたら器に盛り、ごまとしょうが粉をふりかける。

かぼちゃのいとこ煮トッピング

小豆やかぼちゃには血行をよくする働きがあり、
胃腸の働きも助けてくれます

材料（5kgの成犬1日分）

●かぼちゃ…15g　●ゆで小豆（無糖）…15g
※あわせて30gにする

つくり方

1. かぼちゃを一口大に切り、皮を下にして鍋に入れ、かぶるくらいのお湯でゆでる。
2. かぼちゃがやわらかくなったら、小豆を加えて煮る。
3. 人肌に冷めたら、規定量の75%のドライフードに汁ごとかける。

ポイント

フードを使わない場合は、かぼちゃ30g、ゆで小豆20g。同様に煮てから、汁ごと茶碗1/4杯のご飯に混ぜる。

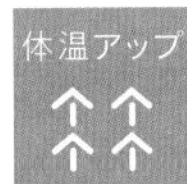

さば味噌煮

からだを冷やしすぎないことは免疫力アップの第一歩。
さばがからだを温めます

材料（5kgの成犬1日分）

●さば…半身1枚　●だいこん…20g
●小松菜…20g　●まいたけ…10g　●ご飯…茶碗1/4杯
●煮干し粉スープ（p.56）…300ml
●味噌…小さじ1/8　●しょうが粉…少々

つくり方

1　さばとだいこんは一口大、小松菜、まいたけはみじん切りにする。
2　鍋にスープ、さば、だいこん、小松菜、まいたけ、ご飯を入れて、中火で煮る。
3　さばに火が通ったら、味噌としょうが粉を入れてさらに少し煮て火を止める。
4　人肌に冷めたら、さばの骨を取り除き、器に盛る。

ツナの冷や汁

ツナ缶（かつおやまぐろ）には
血液さらさら効果があるDHA・EPAが含まれています

材料（5kgの成犬1日分）

- ツナ缶（食塩・オイル不使用）… 1缶
- きゅうり… 1/5本　● 豆腐… 1/10丁
- 味噌…小さじ1/6　● すり白ごま…小さじ1/2
- 水… 100ml　● ご飯…茶碗1/2杯

つくり方

1 ツナ缶の汁をきり、アルミホイルに薄く広げる。味噌とすりごまを混ぜあわせてから、別のアルミホイルに薄く広げる。
2 ①をオーブントースターに入れ、表面がこんがりするまで焼く。
3 きゅうりはみじん切り、豆腐は一口大に切る。
4 焼き色がついたごま味噌をボウルに入れ、水を少しずつ加えながら溶く。
5 ほぐしたツナときゅうり、豆腐を加えて混ぜ、ご飯にかける。

納豆・梅干しうどん

納豆と梅干しには血栓を溶かし、
血液をさらさらにする働きがあります

材料（5kgの成犬1日分）

- ひきわり納豆…1/2パック
- 梅干し…耳かき1
- オクラ…1本
- ゆでうどん…1/2玉（10g）
- 煮干し粉スープ（p.56）…150ml

つくり方

1. 梅干しは耳かき1杯程度を切り分ける。オクラは、さっとゆでてみじん切りにする。うどんは食べやすい大きさに細かく切る。
2. 鍋にスープを沸かし、うどんをゆでる。
3. 納豆、梅干し、オクラをボウルに入れ、よく混ぜる。
4. うどんがゆで上がり人肌に冷めたら、汁ごと器に盛り、③をのせる。

冷え冷えさんのレシピ

肉球がひんやりする子、平熱が低い子には、からだを温める食材を使ったごはんを

鮭の味噌おじや

温性の食材をたくさん取り入れた、あったかおじや。 味噌としょうが粉もポイント

材料（5kgの成犬1日分）

●生鮭…100g　●だいこん…20g　●さつまいも…20g　●小松菜…20g
●まいたけ…10g　●ご飯…茶碗1/4　●煮干し粉スープ（p.56。または水）…200ml
●味噌…小さじ1/8　●しょうが粉…少々

つくり方

1　鮭、だいこん、さつまいもは一口大、小松菜とまいたけはみじん切りにする。
2　鍋にスープ、鮭、野菜ときのこ、ご飯を入れ、アクを取りながら野菜ときのこがやわらかくなるまで中火で煮る。
3　いったん火を止め味噌を溶かし、しょうが粉を入れて、さらに5分ほど煮る。

暑がりさんのレシピ

犬は人よりも暑さや湿気に弱い生きもの。夏の暑さ問題も手づくり食が解決します。

豚肉のラタトゥイユ

野菜の力でからだの熱を冷まし、豚肉のビタミンB群で疲労回復も期待！

材料（5kgの成犬1日分）

- 豚もも肉…100g
- トマト…1/2個
- なす…20g
- じゃがいも…20g
- ピーマン…20g
- セロリ…20g
- オリーブオイル…少々
- 水…150ml

つくり方

1 豚肉は一口大、トマト、なす、じゃがいもは1cmの角切り、ピーマン、セロリはみじん切りにする。

2 鍋にオリーブオイルを熱し、豚肉を色が変わるまで炒める。

3 野菜を加えて軽く炒めたら水を加え、アクを取りながら10分ほど煮る。

便秘のときに

ドライフード主体だと水分が不足しがちになり、便秘になってしまうことも

ツナとさつまいもの雑炊

さつまいもの食物繊維と青魚の血行を促進する力で腸の働きを活発に

材料（5kgの成犬1日分）

- ツナ缶（食塩・オイル不使用）…1缶
- さつまいも…50g
- まいたけ…20g
- 玄米ご飯…茶碗1/2杯
- 煮干し粉スープ（p.56。または水）…200ml
- 青のり…ひとつまみ

つくり方

1 さつまいもは1cm角に、まいたけはみじん切りにする。ツナ缶は汁をきる。

2 鍋にスープを沸かし、さつまいも、まいたけ、玄米ご飯を入れて中火で煮る。

3 さつまいもに竹串がすっと通るようになったら、ツナを入れて全体を混ぜ、火を止める。

4 人肌に冷めたら器に盛り、青のりをかける。

下痢のとき、お腹が弱い子に

食べすぎやストレス、ウイルス感染などで下痢は起こります

山いも鶏団子スープ

ネバネバ食材で腸の粘膜を保護し、温性の食材で胃腸への刺激を和らげます

材料（5kgの成犬1日分）

●鶏ひき肉…100g　●山いも…50g　●にんじん…20g　●片栗粉…小さじ2
●水（またはチキンスープ）…200ml　●だいこん…20g　●パセリ（みじん切り）…少々

つくり方

1 皮をむいた山いも、にんじん、だいこんはすりおろす。パセリはみじん切りにする。
2 ボウルにひき肉と山いも、にんじんを入れて混ぜ、片栗粉を加えてさらによく混ぜる。
3 鍋に水（またはチキンスープ。p.54）を沸かし、②をティースプーンで一口大に丸めながらお湯に落とし、アクを取りながらゆでる。
4 5～10分ほどゆで、鶏団子に火が通ったら火を止め、だいこんおろしを加える。
5 人肌に冷めたら器に盛り、パセリをふる。

皮膚のトラブルに

老廃物や毒素は皮膚トラブルの要因。食材の力で血行を促し排出機能を高めます

レバーのトマト煮

レバーに含まれるビオチンは、かゆみを緩和し、老廃物の排泄を促します

材料（5kgの成犬1日分）

●鶏レバー…50g　●鶏むね肉…50g　●トマト…1/2個　●しめじ…20g
●オリーブオイル…大さじ1　●水…150ml　●パセリ（みじん切り）…少々

つくり方

1 鶏レバーは血の塊や余分な脂肪を取り除き、鶏むね肉は皮と余分な脂肪を取り除き一口大に切る。
2 トマトは1cmの角切り、しめじはみじん切りにする。
3 鍋にオリーブオイルを熱し、レバーと鶏肉を炒める。
4 レバーと鶏肉の色が変わったら、トマトとしめじ、水を入れアクを取りながら、中火で10分ほど煮る。
5 人肌に冷めたら器に盛り、パセリをふる。

―― ポイント ――
レバーは週1回食卓に上がる程度に取り入れたほうがいい。

かぼちゃのニョッキ

かぼちゃに含まれるβ-カロテンには、皮膚の調子を整える作用があります

材料（5kgの成犬1日分）

[ニョッキ] ●かぼちゃ…80g　●小麦粉…20g　●溶き卵…大さじ1/2
[ソース] ●豚ひき肉…100g　●豆乳…100ml　●パセリ（みじん切り）…少々

つくり方

1 かぼちゃは皮をむき1cm角に切り、やわらかくなるまでゆでる。
2 ①の鍋の湯だけを捨ててから再び中火にかけて、鍋のなかの水分を飛ばす。
3 ボウルにかぼちゃを移し、フォークの背でつぶして、小麦粉、溶き卵を混ぜ、ひとまとまりになるまでこねる。
4 まな板などに打ち粉（分量外）をして、直径1～2cmの棒状に伸ばして一口大に切り、丸める（切ったままでもよい）。
5 沸騰した湯に丸めた生地を入れ、浮き上がってきたものからボウルにあげて、少量のオリーブオイル（分量外）をまぶす。ゆで汁はとっておく。
6 別の鍋で豚ひき肉を炒め、火が通ったら豆乳とゆで汁50mlを加え、軽く煮る。
7 ゆで上がったニョッキを加え、ソースとよくからめ、器に盛りパセリをふる。

健康な歯と歯茎のために

内臓疾患を招くこともある歯周病。毎日の歯磨きとあわせて、健康食でも対策を！

たらの豆乳スープ

たらのDHA・EPAで血行促進。
免疫力をアップさせるきのこが入ったからだが温まるスープ

材料（5kgの成犬1日分）

●たら…1切れ　●かぶ…1/2個　●にんじん…50g　●まいたけ…20g
●水…100ml　●豆乳…100ml

つくり方

1 たら、かぶは一口大に、にんじん、まいたけはみじん切りにする。
2 鍋に水とたら、野菜、きのこを入れ、アクを取りながら中火で煮る。
3 野菜に火が通ったら豆乳を入れ、人肌くらいに温める。

―― ポイント ――
ご飯を入れておじやにしたり、うどんを一緒に煮こんだり、カロリーアップのアレンジもできます。

納豆とオクラのスープごはん

緑黄色野菜と納豆で血行促進し、免疫力アップ。
かみ応えのある食材で歯みがき効果も

材料（5kgの成犬1日分）

●かぼちゃ…50g　●ごぼう…30g　●オクラ…1本
●ひきわり納豆…1/2パック
●チキンスープ（p.54）…150ml　●ご飯…茶碗1/2杯

つくり方

1 かぼちゃ、ごぼうは一口大に切る。
2 オクラは1分ほどゆでてから、細かく切る。
3 鍋にスープとかぼちゃ、ごぼうを入れ、アクを取りながら中火で煮る。
4 野菜がやわらかくなったら、ご飯を入れる。
5 ご飯がほぐれたら火を止めて、オクラを入れて混ぜる。
6 人肌に冷めたら器に盛り、納豆をのせる。

太り気味の子に

肥満は万病の元。手づくり食なら、満足感をキープしたまま低カロリー食がつくれます

おからバーグ

鶏むね肉とおからを使って、低カロリーでもお腹もこころも満たされます

材料（5kgの成犬1日分）

●鶏ひき肉（むね）…100g　●おから…50g　●豆乳…大さじ1弱
●だいこん（すりおろし）…大さじ1　●青じそ（みじん切り）…1/4枚分

つくり方

1　ひき肉とおからをボウルに入れ、よく混ぜる。水けが足りない場合は豆乳を少しずつ入れる。
2　タネがまとまったら4等分して、小判形に丸める。
3　フライパンに少量の油（分量外）を熱し、②を並べ入れ中火で焼く。（油をひかなくても焼ける場合は油不使用で）
4　2～3分焼いて片面がこんがりしたら裏返して弱火にし、フタをして5～10分焼く。
5　一口大にほぐして器に盛り、だいこんおろしをのせ青じそをふる。

ラム肉雑炊

ラム肉に含まれるL-カルニチンは、脂肪の燃焼を促進します

材料（5kgの成犬1日分）

●ラム肉…100g　●白菜…30g　●にんじん…20g　●ブロッコリー…1房
●まいたけ…20g　●ご飯…茶碗1/4杯　●水…200ml

つくり方

1　ラム肉は一口大、野菜ときのこはみじん切りにする。
2　鍋に水を入れ湯を沸かしラム肉を入れ、アクを取りながら中火でゆでる。
3　肉に火が通ったら野菜ときのこ、ご飯を加え、アクを取りながらさらに煮る。
4　ご飯が粥状になったら火を止める。

食が細い子に

食欲旺盛な犬ですが、なかには少食さん、偏食さんも。食欲が湧くレシピの工夫を！

豚ひき肉のお好み焼き

山いもは元気が出る食材。 えびやごまの香ばしい香りが食欲をそそります

材料（5kgの成犬1日分）

●豚ひき肉…100g　●キャベツ…1枚　●もやし…10g　●山いも…50g
●卵…1/2個　●小麦粉…20g　●乾燥小えび…少々　●すり黒ごま…少々

つくり方

1　キャベツ、もやしはみじん切りにする。山いもはすりおろす。卵は溶いておく。
2　キャベツ、もやし、山いもをボウルに入れ、卵、小麦粉、小えび、すりごまを加えてよく混ぜあわせる。もったりと混ぜにくければ水を少量加える。
3　フライパンに少量の油（分量外）を熱し、ひき肉を炒める。（油をひかなくても炒められる場合は、油不使用で）
4　肉の色が変わったらフライパンの中央に円形にまとめて、肉の上に②の生地をのせて焼く。
5　2～3分焼いて片面がこんがりしたら裏返して、ふたをして5分ほど蒸し焼きにする。

―― ポイント ――
材料の分量で1日分なので、大きさ、焼く枚数はお好みで。人肌に冷ましてからほぐして与えます。

卵と野菜の雑炊

チキンスープと青のり、ごま油の香りで食欲を刺激します。カロリーは抑えめです

材料（5kgの成犬1日分）

●卵…1個　●にんじん…20g　●小松菜…30g　●まいたけ…10g
●ご飯…茶碗1/2杯　●チキンスープ（p.54）…150ml
●青のり…少々　●ごま油…1～2滴

つくり方

1　卵は溶きほぐす。にんじん、小松菜、まいたけはみじん切りにする。
2　鍋でスープを温め、野菜ときのこ、ご飯を加えて中火で煮る。
3　野菜に火が通ったら火を強め、とき卵を流し入れ、かき混ぜ火を止める。
4　人肌に冷めたら器に盛り、青のりとごま油をかける。
※にんじんはすりおろして、卵の前に入れてもよい。

ご長寿犬に

若いときほどのカロリーは必要としません。元気を維持するたんぱく質を積極的に摂ります

チキンのトマト煮

ご飯に代えて、低カロリーでビタミン豊富なじゃがいもを使用。
スープたっぷりの煮込みなので老犬でも食べやすい

材料（5kgの成犬1日分）

●鶏もも肉…150g　●にんじん…50g　●トマト…1個
●まいたけ…20g　●じゃがいも…50g　●パセリ…少々

つくり方

1 鶏肉は皮と余分な脂肪を取り除き、一口大に切る。
2 にんじん、トマト、まいたけはみじん切り、じゃがいもは小さめの一口大に切る。
3 鍋に鶏肉を入れてかぶるぐらいの水（分量外）を入れて強火にかける。沸騰したら中火にしてアクを取りながらゆでる。
4 鶏肉の色が変わったら、野菜、きのこを入れ、アクを取りながらさらにゆでる。
5 じゃがいもがやわらかくなったら、火を止める。
6 人肌に冷めたら器に盛り、パセリをかける。

鮭の豆乳クリーム煮

鮭の赤さのもとである、アスタキサンチンは強力な抗酸化成分。
豆乳のたんぱく質とあわせて、めざせ、アンチエイジング！

材料（5kgの成犬1日分）

●生鮭…1切れ　●ほうれんそう…20g　●かぶ…50g
●しめじ…20g　●豆乳…200ml

つくり方

1 ほうれんそうは熱湯でゆでて冷水にさらし、水気を絞ってみじん切りにする。
2 鮭、かぶ、しめじをグリルで火が通るまで焼き、鮭は粗くほぐして骨を取り除く。かぶ、しめじは1㎝ほどの角切りにする。
（かぶ、しめじはアルミホイルにのせて焼くといい）
3 鍋にすべての材料と豆乳を入れ、温まったら火を止める。

代用食材 ほうれんそう ➡ かぶの葉

私たちの手づくりレポート②

手づくり食で食欲が増加!

ヨークシャー・テリア　1歳

東京都　Kさん

子どものころから手づくり食にすることで、元気なからだに育つと知り、手づくり食を実践中!

◎はじめた理由

手づくり食には以前から興味はあったのですが、市販のフードを食べなくなってしまうのが心配で、なかなか実践できずにいました。ただ幼いころから食が細く、飽きてしまうのか昨日まで食べていたフードを突然、食べなくなってしまうことがあったこと、手づくり食が元気なからだをつくると聞き、思い切ってはじめてみました。手づくり食を食べていなくても、フードを食べなくなるのなら、どっちでも同じだ!と思ったのもあります。

◎はじめたのときの反応

初めての手づくり食は、フードに刻んだ野菜とゆで卵をトッピングして、煮干しのだしをかけたごはんです。一緒に暮らして1年弱のなかで見たこともない食いっぷりで、おすわり、お手もそこそこにガツガツ食いつき、あっという間に完食しました。こんなに食べる子だったなんて!と驚いたし、うれしかったです。

◎手づくり食による変化

まだ1歳なのでからだに不調などはなかったのですが、なんとなく目やにが減った気はします。目に見えてわかるのは、おしっこの回数が増えて、うんちの量が減ったことです。

そしてなによりの変化は、最初の1食以来、食べることに目覚めたのか、フード、手づくり食を問わず食欲旺盛になったこと。トイレトレーニングをはじめ、しつけのごほうびにすら興味を示してくれず困っていましたが、その悩みも解消しました。

半面、1ヵ月後くらいから体重が減ってきてしまうという問題も……。最大で600gも減ってしまったので、小型犬では一大事!と慌てました。はじめのうちは体重に変化もなく適正量を与えられているつもりでしたが、運動量が増えたせいもあるのか、ごはんの量が足りていなかったようです。いつでも物足りなそうにしていたのが食いしん坊なのではなく、本当に足りていなかったとは……。犬には申し訳

1回分のごはんのほか、残り野菜も刻んで冷凍保存。

ごはんのときの「待て」は、とくに苦手です。「待てません！」

ないことをしてしまいました。幸い病気などはなかったので、いまは全体量を増やして体重増加を目指しているところです。

◎手づくり食を続けるコツ

時間があるときに具（肉や野菜）を煮ておいて1食分ずつ小分けにして冷凍して、食べる前に解凍してご飯にかけるか、一緒に煮て与えることもあります。手抜きのときは、フードに刻んだ野菜をのせるだけのこともあります。フードだけを食べてもらうときは、水分を補うためにスープ（手抜きのときはぬるま湯）をひたひたにかけています。どれでも喜んで食べてくれているので、まずは安心です。

◎手づくり食の悩み

やっぱり栄養バランスは気になります。とくに、いまは太ってほしいときなのですが、ただごはんの全体量を増やすだけでいいのか、それでは食べすぎになってしまうから全体量は増やさずに太りやすい食材を使ったほうがいいのか？　だとしたら、なにを使えばいいか？　もっと勉強しなければ、と思っています。

◎手づくり食のいいところ

犬の反応については小さいながら、いい面も悪い面も体験しましたが、悪い面も自分で改善できるところがいいですね。先日は、うっかり転がしてしまった消しゴムを食べしまったので、うんちの出がよくなるよう、さつまいもやこんにゃくを使ったおかゆをつくりました。こんな対応ができるのも手づくり食ならではですね（誤食を防ぐことが大前提なのですが）。

私たちの手づくりレポート③

涙やけ、体臭がなくなった

チワワ　6歳

東京都　Rさん

ドライフードだけの日も、トッピングだけの日もあるけれど、
手づくり食で、からだは確実に変わることがわかりました。

◎はじめた理由

老猫を介護した経験から、なんでも食べられることが大切だと気づき、次に迎えたチワワには、手探りながらも手づくりごはんを実践しました。子どもにアレルギーがあったことも、人はもちろん愛犬の食を見直すきっかけになったと思います。

◎手づくり食による変化

100%手づくりオンリーではなかったのに、ずっと続いてた涙やけがなくなりました。手づくり食にしてから1ヵ月後くらいだったと思います。からだやうんちのにおいもやわらぎました。食いしん坊なのと、子どもが散歩中におやつを与えていたこともあり、体重に変化はありません……というか、若干肥満傾向です。

◎好きなもの嫌いなもの

好き嫌いはほとんどなく、なんでもガツガツよく食べます。そんな食いしん坊が唯一「???」という顔をして食べなかったのはアサリのむき身。口に入れたものの出してしまったので、独特のむにゅっとした感触がきもちわるかったのかな?と想像しています。

◎手づくり食の悩み

無理なく続けるために手抜きもしているので、悩みらしき悩みはないのですが、少し太り気味なので手づくり食でダイエットを頑張らねば!と思っています。

◎手づくり食のいいところ

ゆる～く実践していても、からだが確実に変わること。なるべく手づくり食の栄養バランスに近づけようと、購入する場合はたんぱく質の割合の多いフードを選ぶのですが、フードが続くと涙やけが再発してしまいます。個体差もあるのでほかの子はわかりませんが、フードのたんぱく質はうちの犬には合わないのかもしれません。6歳を超え高齢期に近づいてきているので、手づくり食で健康を維持していきたいと思います。

CHAPTER

犬の健康生活習慣

元気を保つ生活習慣

愛犬が、毎日を健やかに過ごすためには、食が大事。
そして同じくらい、睡眠と遊びも大切です。
現代の犬はストレスから病気になることも多いそう。
食べる・寝る・遊ぶが充実すれば、ストレスフリーです！

犬の仕事は、食べる・寝る・遊ぶ

良質な食事と穏やかな安眠、適切な運動。この3つが整えば、犬は健康に過ごすことができます。飢えることも、眠れないことも、動けないことも犬にとっては大変なストレスです。仕事に追われてコンビニ食ばかり、睡眠不足でからだを動かすのは通勤だけ……わかりますよね。まして犬は愛すべき家族ですが人間とは違います。たとえ人のきもちがわかるとはいえ「今日は忙しいから食事は抜きでも仕方ないね」とは理解できません。

犬は、人との暮らしが長いだけに適応力は抜群ですが、やはり、ごはんは毎日食べる、夜は寝て朝起きる、運動をすることは生きものとして必要です。愚痴をこぼさないことに甘えては犬に気の毒です。

ストレスは健康の大敵

犬にも生活習慣病が増えているのには、いろいろな理由がありますが、ストレスが要因であることも少なくないようです。現代の犬が急にストレスフルになったわけではなく、医学が進歩したことなどによりわかってきたことなのですが、それを知った以上、私たち飼い主は、愛すべき愛犬ができるだけストレスなく、健康で快適に暮らせることを考えなければいけません。

健康生活の3つのポイント

食べる

食べることは健康の基本。からだが健康であれば、食欲があって当たり前です。つまり食欲不振は、なにかの不調の合図かも。毎日の食欲の有無の確認が大切です。手づくり食でも市販のフードでも、良質な食が健康なからだをつくります。

寝る

人と暮らしている犬は、生活リズムが狂っていることも。その生活にも犬は適応してくれますが、人と同じく犬も睡眠不足では疲れがとれません。適切な睡眠環境を整えてあげましょう。家族が夜更かしなら、犬の寝床は暗くしてあげると落ち着いて眠れます。

遊ぶ

犬は運動が大好き。毎日の散歩は運動の時間であり、外の世界に触れてこころを刺激する時間でもあります。からだとこころを動かすことで、ストレスを吹き飛ばします。飼い主さんとのコミュニケーションも、犬のこころを満たします。

毎日の観察が健康を守る

犬は「お腹が痛い」とか「朝からダルい」と言葉では伝えてくれません。まして動物は、自分の不調を隠す傾向にあります。だから愛犬の不調に気づけるのは、私たち飼い主だけなのです。

「いつもと違う」は不調の知らせ？

愛犬の不調を察知するのは、飼い主の大事な仕事です。人との暮らしが長い犬ですが、動物は敵に弱っていることを見せないために、本能的に体調不良を隠す傾向にあります。そのように隠されていても不調を見抜き、適切に対応してあげたいものです。

愛犬の変化に気づくには日々の観察が欠かせませんが、飼い主と一緒にいるのがなにより好きな犬は、ひとりの時間を過ごすときにも飼い主さんの近くにいることが多く観察が容易です。ごはんの食べっぷりや、うんち、おしっこの状態は、体調を知る大切な合図です。

愛犬観察日記をつくってみましょう

いつもと様子が違うかな?と気づくためには、まず愛犬の日常を知っておくことが大前提となります。また、日々の様子をメモしておくことで、遡って読んだときに、「このごはんが下痢の原因かも?」「太りはじめたのはこのころから?」など、少し長期間での体調の変化を確認することができます。この記録を獣医師に見てもらえば、もっと具体的ななにかが見つかるかもしれません。続けるコツはできるだけ簡潔にすること。毎日のメモが難しければ、変化が起きたときだけでもよいでしょう。

愛犬観察日記のススメ

基本データ

日付、体重は必ず記入。天気や睡眠時間、体温（肉球や脇の下などを触ってみた感じでOK）も記録しておくと、体調の変化とのリンクが見つけられるかもしれません。

食べたもの

観察日記の重要事項です。ごはんの内容と量、回数と、食いつき具合を記録します。気に入った様子の食材、残した食材などを書いておけば、あとあと役立ちます。飲んだ水の量までわかればパーフェクトです。

10月29日（火）　晴れ／少し冷たい風

〈 体重 〉　2.7kg（±0kg）
○肉球少しひんやり　○朝寝坊　○夜中におしっこ有

〈 朝ごはん 〉　9:00／五目おじや
○鶏もも肉　○だいこん　○にんじん
○小松菜　○干ししいたけ　○ご飯
➡汁までぺろり完食。まだ食べたそうな顔

〈 夕ごはん 〉　19:00／ドライフード＋いり卵トッピング
○卵　○トマト　○じゃがいも
➡トマトの種を残したが、結局完食

〈 おしっこ 〉　多数
〈 うんち 〉　朝、大きめのいいうんち（家で）／
夕、小さめ、やや硬い（散歩で）
〈 散歩 〉　朝20分／夕30分
○シーちゃんと遊ぶ　○柴くんに吠えられる

memo
○おじやの日はおしっこが多くなる？
○からだをよくかく（首、耳のうしろ）→乾燥？　退屈？
○うんちが硬いので、明日のごはんはごぼうを使う！

うんちとおしっこ

それぞれ、回数や様子（色やにおい、量など）を記録。データがたまってくると、ごはんとの関係性がみえてきます。くわしくは、p.112で。

メモ

体調や見た目の変化、散歩の時間や様子など、気づいたことをなんでも記入。日々の観察が、愛犬の健康へつながります。

うんちとおしっこの目のつけ所

毎日、かんたんにできる健康チェックが排泄物の確認。
食べたものに影響を受けたり、
からだの不調が現れたり、うんちとおしっこは、
犬の健康状態のバロメーターです。

排泄物は食生活を映す鏡

食事を市販のフードから手づくり食に変えると、その変化がうんちやおしっこに現れます。量が増えたり減ったり、色が濃くなったり薄くなったり。腸内細菌の変化で下痢になることもありますが、これはやがて落ち着くので数日間様子をみてください。食べたものがうんちになって出るのは約24時間後。今朝のうんちの様子は、昨日の朝ごはんの影響と見るのが目安です。

排泄物の合図を読み取る

うんちもおしっこも、確認するのは色、量、においなど。うんちなら硬さも要チェックです。おしっこの色が濃いのは水分不足。ひどければ脱水症状かもしれません。多飲多尿は糖尿病など病気のおそれも。そのほか血が混じる、においがキツイ、濁るなどの様子がみられたら獣医師の診察を受けましょう。うんちのチェックは右ページを参考にしてください。このほかにおいがいつもよりも強かったり、急に回数が増えたり減ったりした場合、ストレス、体調の変化、急なフードの変更、老化によるもの、腸炎、腸内ポリープ、腫瘍の病気などなんらかの原因があると考えられます。念のため一度、病院へ行きましょう。

ごはんが変わればうんちが変わる

いいうんち

◎形は腸の形の円柱状。
◎拾ったときに形がかんたんに崩れず、手でつまんでも形を維持している。
◎ひとかたまりの便で地面に跡がつかないが、少し残ることもある。（人だと歯磨き粉くらいの硬さが理想とされる）
◎食後24時間で排便されるといわれていることから、朝晩で食べてればだいたい1日2回。
◎手づくり食の便はあまり臭くない。

ゼリー状のものが付着

［特徴］
便の表面にゼリー状のものが付着／便の形はあったり、なかったり。

［対処法］
●大腸炎など、腸の炎症がある場合がある。
●元気、食欲がないならすぐに病院へ。
●元気があっても続くようなら病院へ。

水っぽい

［特徴］
形があるものは拾うときに崩れやすく地面に残る／形がないものも拾えず地面に残る。

［対処法］
●原因はいろいろ（たとえばストレス、フードの変更など）。
●元気、食欲があるなら1回ごはんを抜いてお腹を休ませる（ただし子犬はすぐに病院へ）。
●1～2日続くようなら病院へ。

硬い・コロコロ

［特徴］
硬く、表面は粘り気がない／押すと転がる／拾ったとき、へこまず形状を保つ／1本にならず、いくつかのボール状（コロコロ）になる。

［対処法］
●水分を積極的に摂る。
●食物繊維を摂り、腸の動きをよくする。
●適度な運動をし、腸の動きをよくする。
●生活リズムを整える。

そのほかのうんち

◎黒っぽい便→胃や腸から出血している可能性があるので病院へ。
◎便に血が混じる→大腸炎や大腸に腫瘍やポリープができている可能性、寄生虫感染の可能性などがあるので病院へ。
◎便が平べったい→直腸に腫瘍やポリープができていることが。この場合、良便だけど表面に血が、所々つくことがある。続くようなら病院へ。

おうちでできるからだケア

**ちょっとした習慣で健康に暮らすことができます。
犬がリラックスしていて、自分のきもちもゆったりしているとき、
スキンシップをしながら健康習慣をはじめてみませんか。**

経絡ツボマッサージ

「経絡（けいらく）」は、東洋医学の考え方で、からだをめぐっている気や血液を流す道のこと。からだに14本ある経絡上に経穴（ツボ）があり、ツボを刺激することでからだが整い、健康を増進します。お互いがリラックスしているときに温かい手で、犬が嫌がっていないか確認しながら行います。

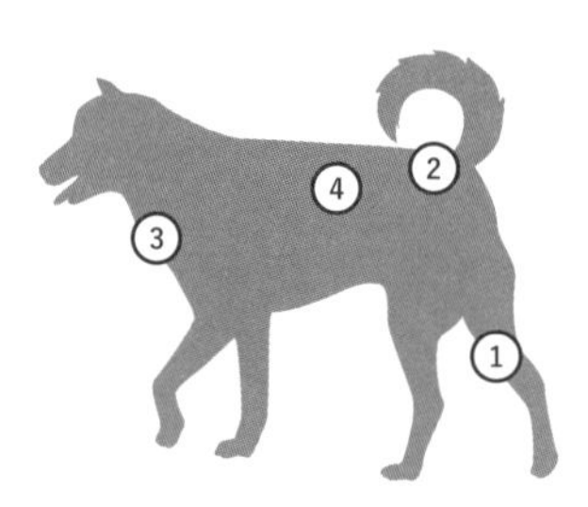

ツボの上に指を置き、「1、2、3」と力を入れて、犬が痛がっていないことを確認。3秒キープして「1、2、3」と力を抜きます。これを3～5回、繰り返します。

① 委中（いちゅう）

腰痛に。ひざの真後ろにある。親指以外の4本指でひざの前側を支えながら、親指で前方に押す（左右各6回）。

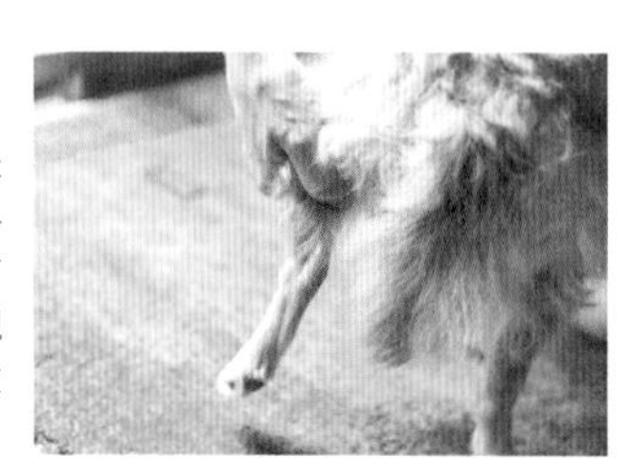

② 腰の百会（ひゃくえ）

老化防止、イライラ解消、整腸作用に。骨盤の一番広い部分と背骨が交わる、指が一番深く入る部分を押す（3～5回）。

③ 肩井（けんせい）

肩こりに。前脚をあげたときに肩の内側にできるくぼみ。人差し指～薬指の3本でやさしく押す（両側とも3～5回）。

④ 腎兪（じんゆ）

老化防止、腰痛、泌尿器トラブルに。一番下の肋骨から数えて2番目の腰椎の両側。親指と人差し指で両側から、つかむように押す（3～5回）。

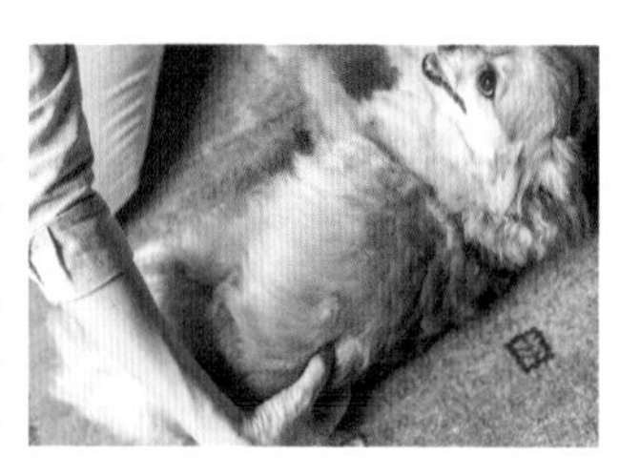

リンパマッサージ

不要な老廃物をリンパの流れにのせて排出するマッサージで、疲労回復、コリの解消や、ストレス軽減にも役立ちます。犬も自分もリラックスしているときに、愛犬がきもちよさそうにしていることを確認しながら行います。いずれも触れるときは軽くやさしく、手が冷たかったら温めてから触れてください。

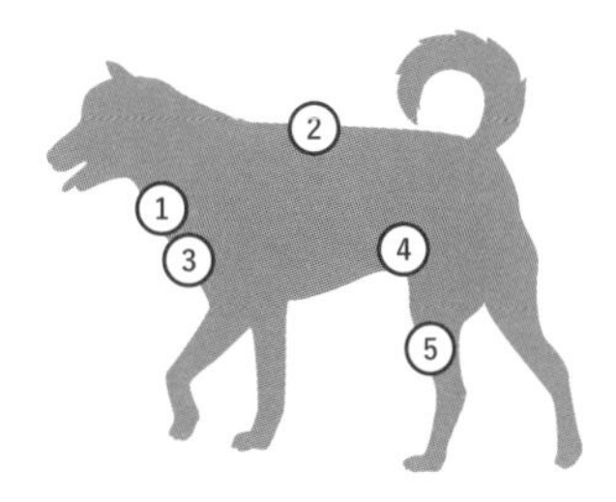

全身のリンパを流す基本のリンパマッサージ。1日1回10分程度で行うことで、病気になりにくいからだをつくります。

① 最終出口

リンパの最終出口となる左肩甲骨の前側を上から下にさする（6回）。

② 背中

背骨の両側を首から尾まで、丸めた手でポコポコ叩く（6回）。

③ 腋窩リンパ節

脇の付け根を軽くもむ（6回）。

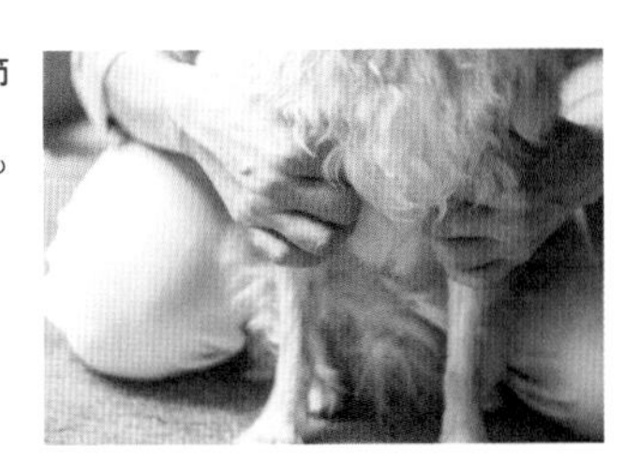

④ 鼠径リンパ節

内股を両側とも押す（6回）。

⑤ 膝径リンパ節

膝の上下を両手でつかむようにして交互にもむ。両側に行う（6回）。

ハーブボール

ハーブボールはタイやインドで行われる伝統医療です。何種類ものハーブを布に包みボール状にしたものを温めてから、からだに押し当てます。からだがじんわりと温まり、コリがほぐれて、自律神経やホルモンの調整、筋肉疲労や冷えなどに効果があるといわれています。

使用方法

犬用のハーブボールを使用。説明書などに記載の方法で温めたハーブボールを、からだに押し当てたら、温かさが伝わるまで、しばらくそのままにします。じんわりと温まったタイミングで、押し当てた状態をキープしながらゆっくりとさすります。

＊ハーブボール問い合わせ先：
フローラルスマイル　https://floralsmile-animalherbs.com

① 肩甲骨の前

首の筋肉から前肢の筋肉へ上から下へ、軽くなで下ろす。左肩はリンパの最終出口なので最初に行うといい。

② 首筋から背中のマッサージ

背骨を真ん中にして左右に筋肉があるので、骨を中心に右側と左側で片側ずつ。後頭部から肩、腰を通ってしっぽの付け根まで、まっすぐなでる。

③ おなかのマッサージ

表面を軽くなでるように。便秘のときは大きく「の」の字を書くように、お腹をくるくるマッサージする。下痢のときは反時計回りに。

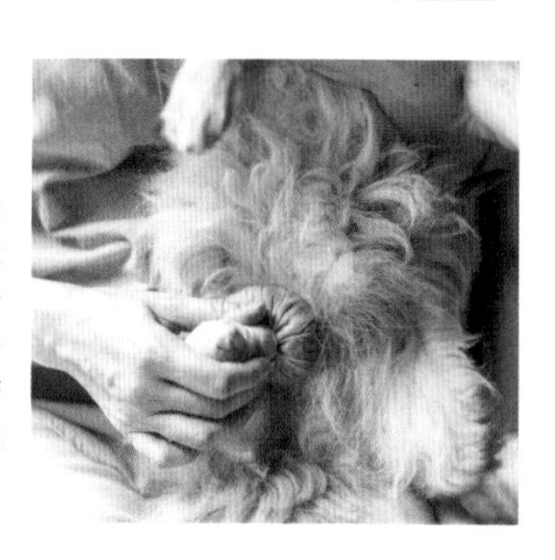

④ リンパ節を温める

脇の下、膝の裏、内股にあるリンパ節に少しぬるめのハーブボールを数秒当てる。リンパ節を温めることでリンパの流れがよくなります。(写真は膝の裏)。

歯磨き・口腔ケア

犬は虫歯になりませんが、歯石がたまると歯肉炎になり、進行すると歯周病になってしまいます。歯についた歯垢は3日で歯石になります。3歳以上の犬の8割は歯周病といわれていて、その細菌は内臓にも悪影響を与えます。歯周病の最大の予防は毎日のブラッシング。いやがる犬も多いのですが、少しずつ練習して慣れてもらいましょう。歯磨き効果のあるガムなども、使わないよりはよいでしょう。

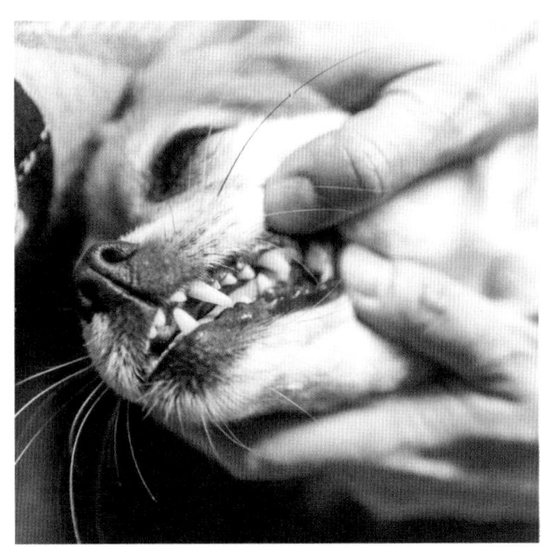

奥歯の歯茎と歯の境目に沿って、歯ブラシを横に動かして磨きます。歯茎が赤くなっていたら歯周病の疑い。歯石がたくさんついてしまったら、病院で処置してもらいましょう。

歯磨きのしかた

ペット用歯磨き粉をティッシュペーパーの上に少量出します。歯ブラシを水で濡らし、歯磨き粉を少量つけたら奥歯を磨きます。1回シュッシュッとこすったら、また歯ブラシを小皿の水ですすぎ、歯磨き粉をつけて磨きます。汚れやすい奥歯を重点的に、できれば犬歯（牙）と前歯も磨きます。歯茎を確認し、歯肉炎になっているときは歯磨きは止めて、獣医師の診察を受けましょう。

p.114-115参考：『わんちゃんの経絡・ツボマッサージ』『わんちゃんのリンパマッサージ』（ともに日本ペットマッサージ協会監修）、『ペットのための鍼灸マッサージマニュアル』（石野孝 澤村めぐみ 春木英子 相澤まな 小林初穂著／医道の日本社）

ペット用の歯ブラシ、歯磨き粉のほか、デンタルケア用品はさまざまあります。VOHCマークは、米国獣医口腔衛生協議会（Veterinary Oral Health Council）が歯垢・歯石のコントロールを助ける効果があると承認した製品です。

かんたん健康レシピ10

毎日の暮らしのなかの、ちょっとしたことにも、
犬のからだを元気にするアイデアはたくさんあります。

recipe 01 サプリメントで栄養補給？

極端に少食、野菜類を一切受け付けないなどの偏食があれば、ビタミンやミネラルなどを補うサプリメントは有効です。闇雲に与えても無駄になってしまうだけなので、獣医師に相談するといいでしょう。

recipe 02 健康になるお散歩の仕方

散歩の大きな目的は運動です。でも、立ち止まってはクンクン嗅いでばかりだと運動効果は激減です。犬の運動量にもよりますが、10～20分ほどは、あまり立ち止まらず歩くだけの時間をつくりましょう。

recipe 03 アイコンタクトで幸せホルモン

愛犬と目があうと、とても幸せなきもちになりますよね。実はこれには理由があって、愛犬と見つめあっているとき、わたしたちには「オキシトシン」というホルモンが分泌されています。そしてこれは犬にもあるホルモンです。幸せホルモンとも呼ばれるオキシトシンが分泌されていると、こころが穏やかに、ストレスや不安、恐怖が軽減するばかりか、血圧の上昇を抑え、心臓の機能がアップ、感染症の予防にもなるとか。愛犬と仲良く暮らすことが、幸せと健康につながるなんて、うれしすぎる事実です。

recipe 04 犬におすすめの代替療法

人を癒す代替療法は、犬に取り入れられるものも多くあります。代表的なのは、マッサージやツボ押し（p.114～）ですが、ほかにもお灸は、消炎鎮痛効果、免疫系の活性化、血流を良くする効果、自然治癒力の向上、といった効果が期待できます。日本の伝統療法で、海外で人気の「レイキ」は「お手当」ともいわれるもので、肉体と精神、どちらのヒーリングもできます。サロンなどもあるので、興味がある人は試してみて！
ただし、明らかな不調のときは病院へ行きましょう。

recipe 05

犬の健康を守るインテリア

家のなかは、犬が安心できる場所であるべき。食べてはいけないもの、ケガのおそれがある危険なものを取り除くことはもちろんですが、滑りやすい床や段差にも注意します。グリップがききずらい床だと、とくに小型犬は膝を傷めやすく、段差で骨折や脱臼してしまうことも。あなたの部屋は大丈夫ですか？

recipe 06

飼い主さんも一緒に健康に！

犬と暮らしていると、人も健康になれるといわれています。日課の散歩は、人にとってもいい運動になります。前述のオキシトシンによる心身への効果も見逃せません。また会話や笑顔、外出が増えたり、犬仲間との交流で社交性が高まったりもします。犬と暮らしている人は健康寿命が長いというデータも!!

recipe 07

気になる毎日の飲み水のこと

食事と同じく、水もからだをつくる大切なもの。健康な犬であれば、水道水でOKですが、ミネラルを多く含む硬水だと結石などを悪化させることがあるので持病がある場合は要注意。ミネラルウォーターも同様、軟水を与えます。また、飲水量は少なすぎても多すぎてもいけません。よく観察してあげましょう。

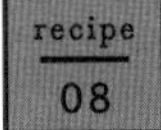

人も犬もストレスは健康の大敵

孤独や不衛生、暑さや寒さ、運動不足などで、犬もストレスを感じ、ときにはうつ病になってしまうこともあります。大切なのはコミュニケーション。飼い主さんとの触れあいが、犬にとっては最高の幸せです。たくさんスキンシップを図ってください。触れあいは、犬の健康チェックにも役立ちます。

recipe 09

本能を刺激してストレスフリー

1日の大半を部屋で過ごしている犬は、けっこう退屈しています。散歩以外にも、遊んでストレスを発散させてあげましょう。このとき、獲物を追う、穴を掘るといった、犬の本能的な行動に似た遊びをしてあげると、犬のこころは満たされます。ボール投げやひっぱりっこが好きなのは、犬の本能によるものなのです。

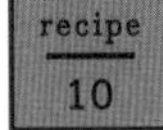

落ち着ける場所をつくってあげる

本来、犬は巣穴のような狭い場所が落ち着きます。家中をフリーにしている家庭でも、ハウス（クレートやケージ）を犬が落ち着ける場所とすることが大切です。ハウスで過ごすことに慣れていないと、病気で入院するとき、災害で避難するときなどに、困った事態につながる可能性もあります。

食にまつわるQ&A

けっして難しくない手づくり食ですが、はじめるには、
少し不安もあるでしょう。そんな心配を解消します。

Q1

ごはんの量も、必要な栄養も、
手づくりで足りているのか心配です

A

**いろいろな食材を使うのがポイント。
わたしたちの食事と同じです。**

たしかに、さまざまな栄養分が配合されたドッグフードのように、バランスを整えるのは難しいかもしれません。それでもフードだけを食べるよりも多彩な生きた栄養が摂れるのが手づくり食です。これまでにも述べたように、私たちも毎日の食事に栄養計算をすることはほとんどありません。肉・魚、野菜類、ご飯をバランスよく摂ることで健康をこころがけるのは、人も犬も同じです。26ページのバランスを基本に、いろいろな食材を取り入れることが大事です。

もうひとつ大切なのは、手づくり食に切り替えたあとの愛犬を観察することです。きちんと食べているか？　排泄物は良好か？　痩せたり太ったりしていないか？を確認しましょう。食が進まないようなら少量のごま油で香りづけ、未消化物が多く排泄されたらよく煮込む、太ったり痩せたりしてきたら、ごはんの量を増減します。手づくり食にしたことで不健康になることは、まずありません。

腸内環境が変わることで、はじめのうちは下痢をすることがありますが、それがあまりに続いたり、アレルギー症状など、これまでにない様子がみられた場合は、獣医師の診察を受けましょう。

Q2

犬は肉食なのに、穀類や野菜も食べるの？

雑食性もあるので、食べられます。
はじめは様子をみながら与えましょう。

犬は雑食性もあり、穀類や野菜も食べられますし、これらを食べることで、肉にはない栄養素を取り入れることができます。また、犬は食物繊維を消化できませんが、実は人間も同じです。エネルギーにはなりませんが、腸内環境を整えるのに役立っています。肉中心の食事をしていた場合、はじめのうちは消化不良となることも。便の様子をみながら、細かく刻んだり、やわらかく煮たりして与えましょう。

Q3

手づくり食に変えたら、痩せてきたみたい

手づくり食は水分を含んでいるので
見た目の量が同じでも低カロリーです。

ドライフードの水分含量は10％以下。手づくり食を与える量が、これまで与えていたドライフードと同量くらいだと、手づくり食は水分を多く含むぶんカロリーはずっと低くなるので痩せて当然です。油脂や穀類がフードよりも少ないこともあるでしょう。ですからフードよりも量を増やして与えてかまいません。その目安は42ページへ。体型をみながら、量を調節してあげるのがベターです。

Q4

犬のごはんは
味つけしませんが、
煮干しやうどんの塩分は
抜くべきですか？

A 塩分をまったく摂らないほうが健康には問題です。

犬には塩分は必要ない、与えてはいけない毒のようにいわれることもありますが、塩分を取らずに生きていける動物はいません。問題なのは摂りすぎです。手づくり食では味つけをしませんが、煮干しやうどんに含まれる塩分くらいは与えて問題ありません。健康な犬で適切な水分を摂っていれば、不要な塩分は尿から排出されます。

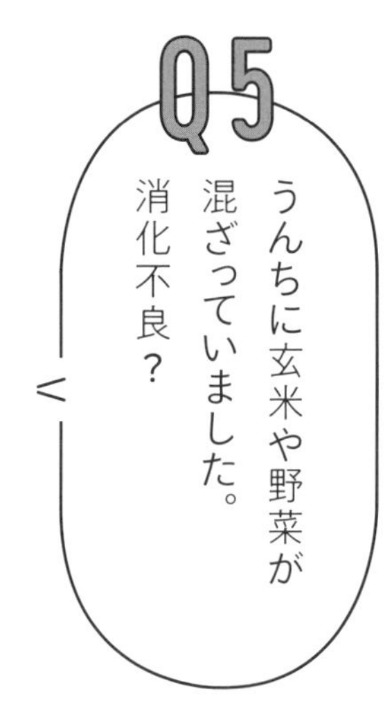

A 細かくみじん切りにしたり、やわらかく煮たりしてあげましょう。

前述のように動物は食物繊維を消化できません。人でも野菜や玄米が未消化で出てくることはよくあり、必ずしも消化不良ということではありません。犬は食べものをしっかり噛むことをしないので、必要な栄養素は消化・吸収できるよう、切ったり煮たりすることは必要です。

Q6

アレルギーの
ある子でも手づくり食で
大丈夫ですか？

A アレルゲンを取り除けるので向いているくらいです。

アレルゲン（アレルギーを引き起こす要因）が食物であれば、それを除いたごはんをつくることができます。また免疫力を高める、老廃物を排出する、めぐりをよくする効果を期待できるレシピで、からだの調子を整えられ、実際にアトピー性皮膚炎が落ち着いたという例もあります。

食べたり食べなかったり、食欲にムラがあり困っています。

A

少食なのか、好き嫌いなのか原因をさぐってみましょう。

少食の犬なら、食べたり食べなかったり自分でコントロールすることがあります。もっとおいしいもの（ジャーキーなど）が食べたいから、ごはんを食べないというケース（わがまま）もあります。お腹が減れば自然と食べるので、あまり心配することはないのですが、明らかに体調が悪そうで食べない、食が細く痩せてきたという場合は、病気のおそれがあるため、診察を受けましょう。

Q8

治療中でも手づくり食でいい？どんなことに気をつければいい？

病気が改善するケースもあります。まずは獣医師さんと相談を。

病気などで食欲が落ちて、しっかりご飯を食べてほしいときに、食いつきのよい手づくり食は適していますし、治療のための療法食として手づくり食を実践する人もいます。ただし、病気によっては特定の栄養素を避けたり、増減したりする必要があります。療養中の手づくり食の取り入れ方は、まず、かかりつけの獣医師に相談するのがよいでしょう。

ドッグフードのラベルの見方と選び方

手づくりを休んだ日やトッピングごはんのときに使うフードも、手づくり食と同様に質のよいものを選びたいもの。以下のようなポイントをチェックしましょう。

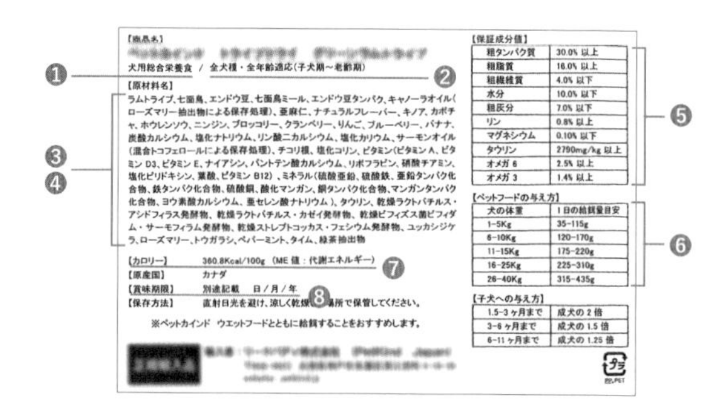

【商品名】

❶ 犬用総合栄養食 / ❷ 全犬種・全年齢適応（子犬期～老齢期）

【原材料名】

❸❹ ラムトライプ、七面鳥、エンドウ豆、七面鳥ミール、エンドウ豆タンパク、キャノーラオイル（ローズマリー抽出物による保存処理）、亜麻仁、ナチュラルフレーバー、キノア、カボチャ、ホウレンソウ、ニンジン、ブロッコリー、クランベリー、りんご、ブルーベリー、バナナ、炭酸カルシウム、塩化ナトリウム、リン酸二カルシウム、塩化カリウム、サーモンオイル（混合トコフェロールによる保存処理）、チコリ根、塩化コリン、ビタミン（ビタミンA、ビタミンD3、ビタミンE、ナイアシン、パントテン酸カルシウム、リボフラビン、硝酸チアミン、塩化ピリドキシン、葉酸、ビタミンB12）、ミネラル（硫酸亜鉛、硫酸鉄、亜鉛タンパク化合物、鉄タンパク化合物、硫酸銅、酸化マンガン、銅タンパク化合物、マンガンタンパク化合物、ヨウ素酸カルシウム、亜セレン酸ナトリウム）、タウリン、乾燥ラクトバチルス・アシドフィラス発酵物、乾燥ラクトバチルス・カゼイ発酵物、乾燥ビフィズス菌ビフィダム・サーモフィラム発酵物、乾燥ストレプトコッカス・フェシウム発酵物、ユッカシジゲラ、ローズマリー、トウガラシ、ペパーミント、タイム、緑茶抽出物

【カロリー】 360.8Kcal/100g（ME値：代謝エネルギー） ❼

【原産国】 カナダ

【賞味期限】 別途記載 日／月／年 ❽

【保存方法】 直射日光を避け、涼しく乾燥 ❽ 場所で保管してください。

※ペットカインド ウエットフードとともに給餌することをおすすめします。

【保証成分値】 ❺

粗タンパク質	30.0% 以上
粗脂質	16.0% 以上
粗繊維質	4.0% 以下
水分	10.0% 以下
粗灰分	7.0% 以下
リン	0.8% 以上
マグネシウム	0.10% 以下
タウリン	2790mg/kg 以上
オメガ 6	2.5% 以上
オメガ 3	1.4% 以上

【ペットフードの与え方】 ❻

犬の体重	1日の給餌量目安
1-5Kg	35-115g
6-10Kg	120-170g
11-15Kg	175-220g
16-25Kg	225-310g
26-40Kg	315-435g

【子犬への与え方】

1.5-3ヶ月まで	成犬の2倍
3-6ヶ月まで	成犬の1.5倍
6-11ヶ月まで	成犬の1.25倍

プラ PET

❶総合栄養食 or 一般食

＊「総合栄養食」が犬の主食になるフードです。「一般食」や「おやつ」は副食です。

❷適する犬種や年齢

＊適する犬種や年齢が記載されています。全年齢（オールステージ）対応のもののほか、子犬用、成犬用、シニア犬用、妊娠・授乳期用などがありますが、高齢や病気などで特別な栄養素が必要な場合には獣医師の指導を受けましょう。

❸原材料

＊原材料は先頭から順に多く含まれていることを示しています。

＊犬のフードなら、肉（または魚）が先頭にあるのがベストですが、「肉類」、「家禽類」などの曖昧な表記は、質の悪い肉（バイプロダクトや4Dミートなど）を使っていることも。「鶏肉」、「牛肉」、「七面鳥」など具体的に書かれているものを選びます。

＊アレルギーのある子は、アレルゲンが含まれていないかを確認します。

❹添加物

＊食品以外の添加物にも注目し、添加物が少ないもの、危険な添加物が含まれていないものを選びます。

＊酸化防止剤である「エトキシキン」は人には使用禁止の添加物、「BHT」、「BHA」は発ガン性が指摘されています。

＊合成着色料の「赤色2号、3号、40号、104号」は発がん性が認められています。「青色1号」、「黄色5号」はアレルギーの原因に指摘されています。

❺保証成分値

＊保証成分値はたんぱく質が多いものが犬に適しています。

❻給餌量

＊体重別に給餌量の目安が記されています。これを参考に、体型を見ながら与えますが、カロリー表示（❼）から必要量を割り出すこともできます。

❽製造年月日

＊賞味期限、消費期限が迫っていないか、なるべく新鮮なものを選びます。インターネットなどで購入する際は製造年月日等がわかる信頼できるサイトで購入しましょう。

食材INDEX

＊( )はCHAPTER2「犬に食べさせたい食材」での解説ページ。

◎肉・魚類

◎野菜・海藻類

食材INDEX

◎穀類

◎油脂・ほか

参考文献

- 『コンパニオンアニマルの栄養学』（I・H・バーガー著 秦貞子訳 長谷川篤彦監訳／インターズー）
- 『犬と猫のための手作り食』（ドナルド・R・ストロンベック著 浦元進訳／光人社）
- 『健康維持・病気改善のための 愛犬の食事療法』（イホア・ジョン・バスコ著 森井啓二監修 伊庭野れい子訳／ガイアブックス）
- 『愛犬のためのホリスティック食材事典』（日本アニマルウェルネス協会著・監修／日本アニマルウェルネス協会）
- 『かんたん！手づくり犬ごはん』（須﨑恭彦監修／ナツメ社）
- 『犬ごはんの教科書』（俵森朋子著／誠文堂新光社）
- 『愛犬のための 食べもの栄養事典』（須﨑恭彦著／講談社）
- 『愛犬のための症状・目的別栄養事典』（須﨑恭彦著／講談社）
- 『犬と猫の栄養学』（奈良なぎさ著／緑書房）
- 『トッピングごはん基礎BOOK』（阿部佐智子著 渡辺由香 阿部知弘監修／芸文社）
- 『トッピングごはん実践BOOK』（阿部佐智子著 渡辺由香 阿部知弘監修／芸文社）
- 『わんちゃんの経絡・ツボマッサージ』（日本ペットマッサージ協会監修）
- 『わんちゃんのリンパマッサージ』（日本ペットマッサージ協会監修）
- 『ペットのためのハーブ大百科　』（グレゴリー・L・ティルフォード メアリー・L・ウルフ著 金田郁子訳 金田俊介監修／ナナ・コーポレート・コミュニケーション）
- 『ペットのための鍼灸マッサージマニュアル』（石野孝 澤村めぐみ 春木英子 相澤まな 小林初穂著／医道の日本社）
- 『自分の手が動物を癒すアニマルレイキ』（福井利恵著 仁科まさき編）

浴本涼子（えきもと・りょうこ）

獣医師。麻布大学獣医学部卒業後、動物病院に勤務。愛猫の闘病生活を通して、飼い主さんが自宅・自分でできるケアとして、鍼灸治療や手づくり食、マッサージ、アニマルレイキなどを学ぶ。現在は動物病院で臨床に携わるかたわら「おうちケアサポート獣医師」として、手づくり食やマッサージ、アニマルレイキ、ハーブボールを利用した「おうちケア」の体験会や講座を開催している。著書に本書『スプーン1杯からはじめる 犬の手づくり健康食』と『スプーン1杯からはじめる 猫の手づくり健康食』（ともに山と溪谷社）がある。

写真　安彦幸枝
イラスト　サンダースタジオ
アートディレクション・デザイン　ケルン（宮本麻耶　柴田裕介　岩﨑紀子）
編集・執筆協力　たむらけいこ
編集　宇川静（山と溪谷社）
協力　桑原奈津子　平林桂子（フローラルスマイル）　島田みちこ
　　　アンケートにお答えいただいた方々
＊CHAPTER 2～4食材・商品撮影のみ編集部

スプーン1杯からはじめる
犬の手づくり健康食

2020年2月15日　初版第1刷発行

著　者　浴本涼子
発行人　川崎深雪
発行所　株式会社山と溪谷社
　　　　〒101-0051　東京都千代田区神田神保町1丁目105番地
　　　　https://www.yamakei.co.jp/
印刷・製本　株式会社光邦

◎乱丁・落丁のお問合せ先
山と溪谷社自動応答サービス　TEL.03-6837-5018
受付時間／10:00-12:00、13:00-17:30（土日、祝日を除く）
◎内容に関するお問合せ先
山と溪谷社　TEL.03-6744-1900（代表）
◎書店・取次様からのお問合せ先
山と溪谷社受注センター　TEL.03-6744-1919　FAX.03-6744-1927

＊定価はカバーに表示してあります。
＊乱丁・落丁などの不良品は、送料当社負担でお取り替えいたします。

Printed in Japan
ISBN978-4-635-59049-5